Ejecución de fábricas a cara vista

Francisco Javier Manzano García

ic editorial

Ejecución de fábricas a cara vista

1ª Edición

Editado por: IC Editorial
c/ Cueva de Viera, 2, Local 3
Centro Negocios CADI
29200 Antequera (Málaga)
Teléfono: 952 70 60 04
Fax: 952 84 55 03
Correo electrónico: iceditorial@iceditorial.com
Internet: www.iceditorial.com

ISBN: 978-84-1184-956-2
Depósito Legal: MA 1145-2025

Impresión: PODiPrint
Impreso en Andalucía – España

Nota de la editorial: IC Editorial pertenece a Innovación y Cualificación S. L.

Presentación del manual

El **Certificado de Profesionalidad** es el instrumento de acreditación, en el ámbito de la Administración laboral, de las cualificaciones profesionales del Catálogo Nacional de Cualificaciones Profesionales adquiridas a través de procesos formativos o del proceso de reconocimiento de la experiencia laboral y de vías no formales de formación.

El elemento mínimo acreditable es la **Unidad de Competencia**. La suma de las acreditaciones de las unidades de competencia conforma la acreditación de la competencia general.

Una **Unidad de Competencia** se define como una agrupación de tareas productivas específica que realiza el profesional. Las diferentes unidades de competencia de un certificado de profesionalidad conforman la **Competencia General**, definiendo el conjunto de conocimientos y capacidades que permiten el ejercicio de una actividad profesional determinada.

Cada **Unidad de Competencia** lleva asociado un **Módulo Formativo**, donde se describe la formación necesaria para adquirir esa **Unidad de Competencia**, pudiendo dividirse en **Unidades Formativas**.

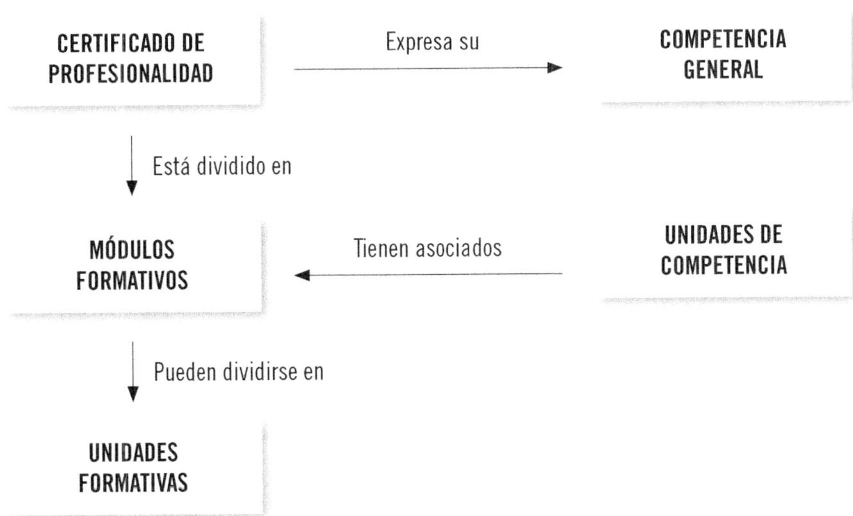

El presente manual desarrolla la Unidad Formativa **UF0304: Ejecución de fábricas a cara vista,**

perteneciente al Módulo Formativo **MF0143_2: Obras de fábrica vista,**

asociado a la unidad de competencia **UC0143_2: Construir fábricas vistas,**

del Certificado de Profesionalidad **Fábricas de albañilería**

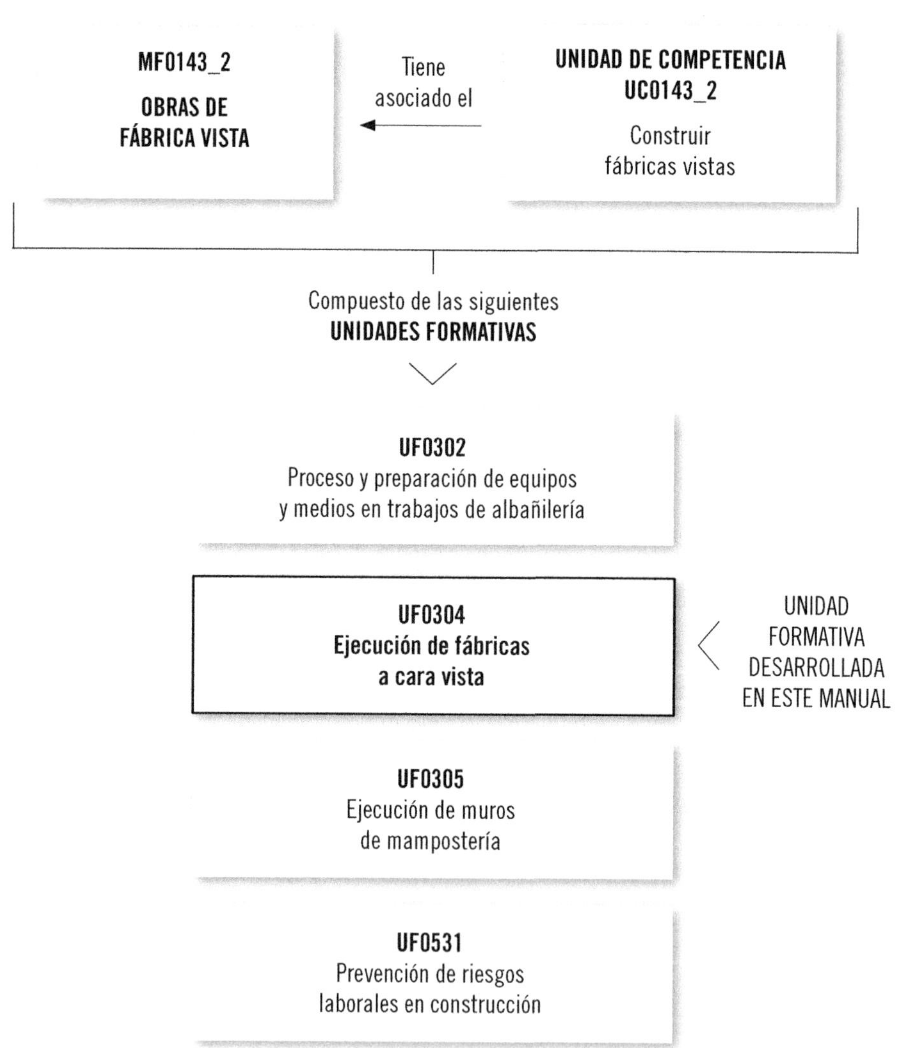

FICHA DE CERTIFICADO DE PROFESIONALIDAD

(EOCB0108) FÁBRICAS DE ALBAÑILERÍA (R. D. 1212/2009, de 17 de julio, modificado por el R. D. 615/2013, de 2 de agosto)

COMPETENCIA GENERAL: Organizar y realizar obras de fábrica de albañilería de ladrillo, bloque y piedra (muros resistentes, cerramientos y particiones), siguiendo las directrices especificadas en documentación técnica y las prescripciones establecidas en materia de seguridad y calidad.

Cualificación profesional de referencia	Unidades de competencia		Ocupaciones o puestos de trabajo relacionados:
EOC052_2 FÁBRICAS DE ALBAÑILERÍA (RD 295/2004 de 20 de febrero y modificaciones de RD 872/2007 de 2 de julio)	UC0869_1:	Elaborar pastas, morteros, adhesivos y hormigones	• 7110.001.6 Albañil • 7110.005.0 Colocador de ladrillo caravista • 7110.005.0 Albañil caravistero • 7110.002.7 Mampostero • Colocador de bloque prefabricado • Albañil tabiquero • Albañil piedra construcción • Oficial de miras • Jefe de equipo de fábricas de albañilería
	UC0142_1:	Construir fábricas para revestir	
	UC0143_2:	Construir fábricas vistas	
	UC0141_2:	Organizar trabajos de albañilería	

Correspondencia con el Catálogo Modular de Formación Profesional

Módulos certificado	Unidades formativas	Horas U.F.
MF0869_1: Pastas, morteros, adhesivos y hormigones		30
MF0142_1: Obras de fábrica para revestir	UF0302: Proceso y preparación de equipos y medios en trabajos de albañilería	40
	UF0303: Ejecución de fábricas para revestir	80
MF0143_2: Obras de fábrica vista	UF0302: Proceso y preparación de equipos y medios en trabajos de albañilería	40
	UF0304: Ejecución de fábricas a cara vista	80
	UF0305: Ejecución de muros de mampostería	70
	UF0531: Prevención de riesgos laborales en construcción	50
MF0141_2:Trabajos de albañilería		60
MP0072: Módulo de prácticas profesionales no laborales de Fábricas de albañilería		80

Índice

Capítulo 4
Sellos de calidad y marcas homologadas en materiales de albañilería

Bloque 2
Método de trabajo en fábricas a cara vista

Capítulo 1
Interpretación de planos y realización de croquis sencillos

Capítulo 2
Interpretación de pliegos y normas de cumplimiento obligado y discrecional

Capítulo 3
Replanteos en planta y en alzado

Capítulo 4
Relaciones de fábricas y otros elementos de obra

Bloque 3

Ejecución de fábricas de ladrillo visto

Capítulo 1

Elaboración de morteros de cemento, de cal y bastardos

Capítulo 2

Replanteo de fábricas de ladrillo

Capítulo 3

Recibimiento de cercos, precercos, marcos y cargaderos

Capítulo 4

Construcción de fábricas vistas de ladrillo

Capítulo 5

Construcción de elementos singulares

Capítulo 4
Construcción de fábricas de bloque a cara vista

Capítulo 5
Construcción

Bloque 1

Materiales utilizados en fábricas vistas

Contenido

1. Ladrillos cerámicos macizos, perforados y huecos
2. Ladrillos cerámicos hidrofugados, clinkerizados, aplantillados y de tejar
3. Bloques prefabricados de hormigón y aligerados
4. Sellos de calidad y marcas homologadas en materiales de albañilería

Capítulo 1

Ladrillos cerámicos macizos, perforados y huecos

Contenido

1. Introducción

Una de las primeras necesidades de los seres humanos ha sido desde siempre la de tener un lugar donde poder guarecerse, tanto de las inclemencias del tiempo como de los posibles peligros.

Cuando los albergues naturales resultaron insuficientes, el ser humano comprendió que debía construirlos por sí mismo, si bien, por aquel entonces, no desde el concepto de albañilería actual, sí desde el de la supervivencia.

La albañilería puede definirse como la técnica constructiva consistente en la trabazón de piezas moduladas de forma que dicha unión (la mayoría de las veces con la colaboración del mortero) les otorgue una nueva identidad formando un elemento constructivo que, junto a otros elementos, conforma a su vez la propia edificación.

En esta técnica el material imprescindible es la pieza modular que iremos trabando consecutivamente: el ladrillo.

Con el presente capítulo pretendemos establecer una idea clara y concisa de los tipos de piezas modulares existentes en la actualidad y que son empleadas en la ejecución de las fábricas a cara vista, centrándonos en los más habituales en la actualidad: los ladrillos cerámicos macizos, los perforados y los huecos.

2. Ladrillos cerámicos macizos, perforados y huecos

Los **ladrillos** son pequeñas piezas de cerámica de forma paralelepípeda hechas de arcilla moldeada, comprimida y cocida, de fácil manejo y forma regular. Un buen ladrillo ha de ser resistente, sólido, sin fisuración y con un buen punto de cochura.

Sabía que...

Mediante el golpeo a un ladrillo que produzca un sonido seco y claro, o por la uniformidad de color de la pieza, puede determinarse una buena cocción del ladrillo.

2.1. Clasificación de los ladrillos

Teniendo en cuenta los **tipos y formatos de ladrillos,** podemos utilizarlos en el levantado de los siguientes elementos constructivos: fachadas, medianerías, particiones interiores verticales de los edificios, muros en contacto con el terreno, etc. Además, cuando al menos una de las caras de la fábrica no vaya a ser revestida posteriormente, podemos denominarla **a cara vista**, mientras que, si va a ser revestida, la denominaremos **para revestir.**

La categorización de los ladrillos es muy variada, pudiendo clasificarse por su modalidad de fabricación, por su cochura o por su forma, entre otras modalidades.

Clasificación según su configuración

Si se atiende a una clasificación **según su configuración,** podemos tener los siguientes tipos:

Ladrillos macizos

Es el ladrillo sin perforaciones o con perforaciones que lo atraviesan completamente y de forma perpendicular a la cara de apoyo, con un volumen de huecos inferior al 25 %.

Son de masa compacta, de forma rectangular, variando sus dimensiones según las regiones. Suelen llevar dos taladros o perforaciones paralelas a una de las aristas con el fin de aligerarlos y trabajarlos con el mortero de las hiladas.

Los ladrillos macizos se obtienen mediante extrusionado de la arcilla a través de una boquilla o bien por prensado sobre un molde. Este último tipo de ladrillos incorporan en una o ambas tablas unos rebajes denominados **cazoletas.**

Definición

Extruir
Dar forma a una masa metálica, plástica, etc., haciéndola salir por una abertura especialmente dispuesta.

Dentro de los ladrillos macizos de cara vista podríamos incorporar los ladrillos de tejar o manual, que son ladrillos moldeados manualmente o mediante un proceso de moldeado mecánico que intenta simular las deformaciones o imperfecciones de los ladrillos hechos a mano, siendo su apariencia, por lo tanto, tosca, con caras rugosas y no muy planas.

Ladrillos perforados

Son aquellos cuyas perforaciones paralelas a cualquiera de sus aristas arrojen un volumen total superior al 25 %, pero no mayor del 45 % del total aparente.

Ladrillos huecos

Son aquellos con perforaciones paralelas a una de sus aristas, que arrojan un volumen total superior al 45 % e inferior al 70 % del aparente del ladrillo.

Dentro de esta modalidad, por su formato, dimensiones y número de huecos, tendremos:

- Ladrillos sencillos, dobles y triples.
- Ladrillos de pequeño, mediano y gran formato. Estos últimos deberán cumplir también:
    - La longitud será superior a 300 mm.
    - El grosor será igual o superior a 40 mm e inferior a 140 mm.

Aplicación práctica

Acaba de comenzar a trabajar en una empresa constructora como peón de albañil y el primer encargo que le realiza el oficial que le comanda es el de que le alcance diez bloques (ladrillos huecos) de 7cm. ¿Qué haría?

SOLUCIÓN

Deberá buscar entre la zona de acopio de material cerámico de la obra los ladrillos de tipo bloque o huecos (perforados por su testa) y asegurarse de que el grosor de los mismos es 7 cm. En caso de estar paletizado, puede buscar la etiqueta del palé, donde vendrá la descripción del contenido del mismo.

2.2. Piezas especiales

Dentro de las fábricas de cara vista, son muchas las piezas especiales existentes, con finalidades diversas tales como formación de parte de un arco, realizar ménsulas, rematar cornisas, rematar muros, encuentros en esquina, cambios en la dirección de ángulos, cambios de espesor, redondeo de esquinas, emparchados verticales y horizontales, etc. Esta gran variedad es posible mediante el empleo de boquillas o moldes especiales en la fase de moldeo.

Definición

Ménsula

Es un miembro de arquitectura perfilado con diversas molduras, que sobresale de un plano vertical y sirve para recibir o sostener algo.

Dentro de las piezas especiales, nos podemos encontrar con elementos como el dintel, la albardilla, la escuadra, la plaqueta, el romo, el bocel, el biselado o la celosía.

3. Resumen

En este capítulo se han indicado las distintas formas de clasificación de los ladrillos cerámicos centrándose el mismo en la clasificación realizada según su configuración y estableciendo las principales características de los ladrillos cerámicos macizos, perforados y huecos.

Además, se ha hecho especial mención a las diferentes piezas especiales existentes en el mercado para la realización de elementos constructivos singulares.

Ejercicios de repaso y autoevaluación

1. En un ladrillo macizo, el volumen de huecos será inferior al...

a. ... 25 %.
b. ... 30 %.
c. ... 50 %.
d. ... 100 %.

2. Indique si la siguiente afirmación es verdadera o falsa:

Los ladrillos de gran formato tendrán una longitud superior a 30 cm y un grosor entre 4 y 14 cm.

□ Verdadero
□ Falso

3. Dentro de los tipos de ladrillos huecos indique cuál de las siguientes opciones no es correcta:

a. Ladrillo de hueco doble.
b. Ladrillo de hueco cuádruple.
c. Ladrillo de hueco simple.
d. Ladrillo de hueco triple.

4. De las piezas especiales de ladrillos de cara vista que se relacionan a continuación, indique cuál no es correcta:

a. Albardilla.
b. Plaqueta.
c. Dintel.
d. Bóveda.

5. Indique si la siguiente afirmación es verdadera o falsa.

Los ladrillos macizos se obtienen mediante extrusionado de la arcilla a través de una boquilla o bien por prensado sobre un molde.

- ☐ Verdadero
- ☐ Falso

Capítulo 2

Ladrillos cerámicos hidrofugados, clinkerizados, aplantillados y de tejar

Contenido

1. Introducción

La evolución de la construcción en la actualidad ha provocado que la tecnología tradicional utilizada para la fabricación de materiales de construcción se haya modernizado y se esté en una continua búsqueda de nuevos materiales más modernos y adaptados a las circunstancias reales de utilización.

Es en este ámbito tecnológico en el que se comienza a innovar en la fabricación de nuevas piezas de ladrillo cerámico, consiguiendo importantes mejoras en las cualidades del mismo, fundamentalmente en su comportamiento frente a los agentes ambientales externos.

2. Ladrillos cerámicos hidrofugados, clinkerizados, aplantillados y de tejar

Las fábricas de cara vista tienen una clara función estética. Con ellas se le trata de dar una identidad u otra a elementos constructivos diversos como cerramientos, muros de carga, particiones, arcos, bóvedas, etc., en función del ladrillo empleado en su levantamiento.

El proceso de fabricación de los ladrillos, los avances tecnológicos llevados a cabo en los mismos e incluso las nuevas normativas existentes en la actualidad, obligan a la invención de nuevos tipos de ladrillos con los que poder dar a un determinado elemento constructivo una apariencia rústica (ladrillo de tejar), mejorar sus cualidades ante condiciones climatológicas adversas (ladrillos hidrofugados), aumentar sus propiedades mecánicas (ladrillos clinkerizados) y dar formas diversas (ladrillos aplantillados).

2.1. Ladrillos hidrofugados

La tecnología actual ha permitido la mejora de la puesta en obra de las fábricas de cara vista mediante el hidrofugado de las piezas por la absorción de agua superior al 6 %.

El hidrofugado consiste en mojar el ladrillo, bien por inmersión o bien por aspersión, con una disolución de siliconatos en agua. La diferencia entre estos dos procedimientos estriba en que, por **inmersión** queda hidrofugada la totalidad de la superficie del ladrillo, mientras que por **aspersión** quedan sin hidrofugar pequeñas zonas del interior de las perforaciones de la pieza, con lo que aumenta ligeramente la velocidad del fraguado del mortero respecto al método anterior.

Ensayos realizados en Alemania sobre ladrillos hidrófugos extraídos de paramentos con diecisiete años de antigüedad han demostrado que las características hidrófugas del material aún se conservaban, tras este periodo de tiempo, de forma satisfactoria. Además, otros ensayos realizados en el laboratorio AITEMIN de Toledo de muestras de ladrillos hidrofugados de varios fabricantes españoles, y tras envejecimiento simulado de 30 años en cámaras, han demostrado que todos los ladrillos conservaban sus características básicas de hidrofugado.

2.2. Ladrillos clinkerizados

El nombre **klinker** se emplea para definir ladrillos y adoquines cerámicos de características excepcionales. Las cualidades de las arcillas empleadas en su elaboración y la alta temperatura de cocción hacen que el ladrillo "clinkerice" (gresifique, cierre poros) quedando su absorción de agua por debajo del umbral del 6 % y su resistencia a compresión normalizada por encima de los 450 daN/cm^2.

Sabía que...

El klinker extrusionado es uno de los materiales más resistentes que hayan sido nunca producidos. Nace de la arcilla que, mezclada con agua, es plasmada, secada y sometida a una lenta cocción –de hasta 26/34 horas– a 1250 °C.

Estas dos características, unidas a otras cualidades naturales, como son la bajísima succión, en torno a 0,02 g/cm^2 min, su alta dureza y resistencia al desgaste, hacen que los ladrillos que puedan recibir esta denominación de "klinker" sean, técnicamente hablando, **los mejores ladrillos cara vista existentes** por su excelente comportamiento ante los defectos analizados. Se debe tener en cuenta que la resistencia a compresión, junto con la heladicidad es garantía de durabilidad.

Definición

Heladicidad

Baja resistencia a la helada de una pieza cerámica que tiene como consecuencia el deterioro de la misma por desprendimiento, exfoliaciones o roturas ocasionadas por la presión que se origina dentro de dicha pieza al pasar el agua que existía en su interior del estado líquido al estado sólido, con el consiguiente aumento de volumen.

La normativa española distingue entre:

Ladrillo gresificado: Aquel ladrillo fabricado a partir de arcillas especiales que, al ser cocidas a alta temperatura, hacen que el material reduzca su porosidad, obteniendo una absorción de agua < 6 % y una densidad > 2 g/cm^3.

Ladrillo klinker: Es aquel ladrillo gresificado con un valor característico de la resistencia a compresión > 450 daN/cm^2.

2.3. Ladrillos aplantillados

Como se ha definido con anterioridad, el ladrillo es una pieza modular que, en unión con otras piezas similares, conforma los diferentes elementos arquitectónicos que componen una edificación. Para la resolución de los diversos elementos existentes en construcción, como muros curvos, arcos, bóvedas, remates, cornisas, etc., surgió un tipo de ladrillo realizado con molde denominado **ladrillo aplantillado** o **ladrillo moldeado.**

Sabía que...

La denominación de "aplantillado" proviene de las plantillas que usaban los canteros para labrar las piedras, y que se utilizan para dar la citada forma al ladrillo.

Se podría definir el ladrillo aplantillado como aquel que tiene un perfil curvo, de forma que, al colocar una hilada de ladrillo, generalmente a sardinel, conforman una moldura corrida.

Definición

Sardinel
Obra hecha de ladrillos sentados de canto y de modo que coincida en toda su extensión la cara de uno con la del otro.

2.4. Ladrillos de tejar

El ladrillo tejar o manual es aquel que pretende simular los antiguos ladrillos de fabricación artesanal, con apariencia tosca y caras rugosas. Estas piezas tienen muy buenas propiedades ornamentales.

Actualmente, el empleo más característico de este tipo de piezas es como revestimiento decorativo debido a que los actuales procesos industriales de fabricación de ladrillos se han alejado totalmente de la producción artesanal, por lo que su coste se ha elevado considerablemente.

Ejercicio práctico

Durante la ejecución de una vivienda unifamiliar y tras la finalización de la fase de ejecución de estructura, la dirección facultativa de la obra establece una reunión de obra con usted como encargado de obra.

En esta reunión de obra, la dirección facultativa pretende aclarar los materiales que se emplearán en la siguiente fase de ejecución, albañilería, teniendo en cuenta las distintas partidas establecidas en el apartado de mediciones del proyecto, siendo las siguientes:

- **Particiones: tabicón de ladrillo h/d 9 cm**
- **Cerramiento: fábr. 1 pie l/perf. Hidrofugado c/v**
- **Cerramiento parcela: fábrica 20 cm esp. bloque horm. gris c/v**

Deberá presentar muestras de cada una de las piezas modulares que componen las distintas fábricas de la obra antes del inicio de los trabajos para su aprobación por parte de la dirección facultativa.

Continúa en página siguiente >>

<< Viene de página anterior

SOLUCIÓN

Tabicón de ladrillo h/d 9 cm.

Tabicón de ladrillo h/d 9 cm.

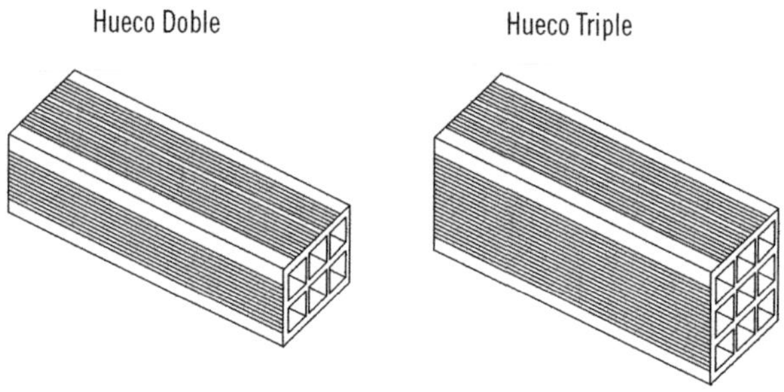

Fábr. 1 pie l/perf. hidrofugado c/v.

Fábr. 1 pie l/perf.hidrofugado c/v.

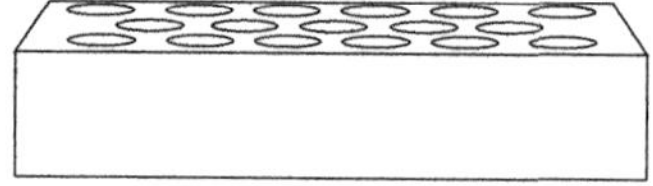

Fábrica 20 cm esp. Bloque horm. gris c/v.

Fábrica 20 cm esp. Bloque horm. gris c/v.

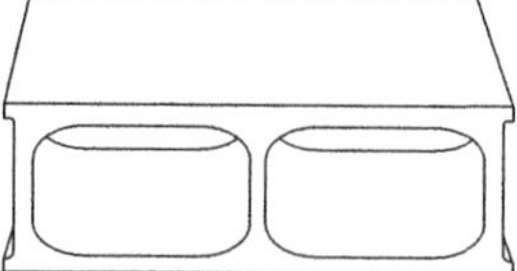

3. Piezas especiales

Las fábricas de cara vista ejecutadas con piezas hidrofugadas, clinkerizadas, aplantilladas o de tejar no difieren mucho de las realizadas a cara vista con ladrillos macizos, perforados o huecos, por lo que las piezas especiales existentes en el mercado para estos tipos son similares a las definidas anteriormente.

Las piezas especiales sirven para la resolución de dinteles de puertas, antepechos de ventanas o alféizares, esquinas de paramentos, vuelos de tejados, cornisas, emparchados horizontales de forjados y verticales de pilares, etc.

Definición

Antepecho
Es un pretil o baranda que se coloca en lugar alto para poder asomarse sin peligro de caer.

4. Resumen

Se han tratado en el presente capítulo las diferencias existentes entre los ladrillos cerámicos de tipo hidrofugado, que consiste en mojar el ladrillo, bien por inmersión o bien por aspersión, con una disolución de siliconatos en agua; clinkerizados, de características excepcionales; aplantillados, de perfil curvo; y de tejar, que es aquel que pretende simular los antiguos ladrillos de fabricación artesanal.

Además, hemos dado las principales características de estos ladrillos y especificado el empleo más habitual de los mismos.

Ejercicios de repaso y autoevaluación

1. ¿Qué diferencia existe entre el tratamiento por inmersión o por aspersión en el hidrofugado de ladrillos?

a. Ninguna.
b. Por inmersión queda hidrofugada parte de la superficie del ladrillo.
c. Por aspersión quedan sin hidrofugar pequeñas zonas del interior de las perforaciones de la pieza.
d. Todas las opciones son correctas.

2. La resistencia a compresión normalizada de los ladrillos clinkerizados está por encima del umbral de...

a. ... 450 daN/mm^2.
b. ... 450 daN/cm^2.
c. ... 350 daN/cm^2.
d. ... 500 daN/cm^2.

3. Indique si la siguiente afirmación es verdadera o falsa.

El ladrillo aplantillado se realiza con molde y también puede llamársele ladrillo moldeado.

☐ Verdadero
☐ Falso

4. Cuál de las siguientes utilidades es la más empleada para el ladrillo de tejar:

a. Particiones.
b. Revestimiento decorativo.
c. Muros de carga.
d. Ninguna de las opciones es correcta.

5. **Indique si la siguiente afirmación es verdadera o falsa. En el caso de ser falsa, escriba la afirmación correcta.**

   El ladrillo gresificado es aquel fabricado a partir de arcillas especiales que, al ser cocidas a baja temperatura, hacen que el material aumente su porosidad.

   - ☐ Verdadero
   - ☐ Falso

Capítulo 3

Bloques prefabricados de hormigón y aligerados

Contenido

1. Introducción

La utilización de los bloques prefabricados de hormigón ha ido en aumento desde su aparición a finales del siglo pasado. Este incremento en el uso de los bloques está motivado principalmente por las ventajas que en algunos aspectos presentan los bloques de hormigón, en relación con otros materiales de construcción, entre las que se puede citar su facilidad de uso, tanto en soluciones simples como estructurales.

Otra de las ventajas es la capacidad de conferir propiedades de textura superficial sin necesidad de terminaciones ni revestimientos adicionales, con el consecuente beneficio económico y arquitectónico, además de la apropiada aislación térmica y acústica.

Los bloques de hormigón, además, tienen un menor costo por metro cuadrado de pared, en comparación con otros materiales, debido a sus características de textura y dimensiones, que permiten un uso significativamente menor de mano de obra para su manipulación.

El bloque de calidad presenta ventajas como la disminución de unidades rotas en obra, la uniformidad en la superficie de los muros, disminuyendo así las deformaciones que deben ser corregidas con mortero, y la garantía estructural que ofrece.

2. Bloques prefabricados de hormigón y aligerados

La construcción con bloques de hormigón y aligerados presenta ventajas económicas en comparación con cualquier otro sistema constructivo tradicional. Estas se originan por la rapidez, exactitud y uniformidad de las medidas de los bloques, resistencia y durabilidad, desperdicio casi nulo y, sobre todo, por constituir un sistema modular, lo que permite computar los materiales en la etapa de proyecto con gran certeza.

Nota

La gran diversidad de formatos, acabados superficiales y la amplia gama de colores disponibles ofrecen al proyectista un enorme espacio creativo para combinar formas, textura y volúmenes.

Los bloques prefabricados de hormigón y aligerados, por su propia naturaleza de material económico y de rápida ejecución, tienen aplicaciones muy diversas y variadas, tanto en uso exterior como interior.

Al ser normalmente una pieza relativamente grande, tiene un gran rendimiento constructivo y un menor número de juntas, que es la parte más vulnerable de la fábrica. La puesta en obra es similar a la del ladrillo pero de ejecución más sencilla y rápida.

El bloque es generalmente hueco, lo que mejora el aislamiento térmico y posibilita la colocación de armaduras.

Su resistencia a compresión normalizada puede llegar a superar los 10N/mm^2, lo que permite su empleo en muros resistentes.

Los bloques de hormigón y aligerados disponen de un excelente comportamiento frente al fuego, pudiendo alcanzar los 240 min., y nula reacción al fuego (clasificación A1 sin necesidad de ensayo).

Para piezas hidrofugadas, que se emplean en uso exterior sin revestir, puede incluso llegar a un valor de baja absorción de agua por capilaridad tan bajo como 0,22 g/m^2·s. Además, disponen de una gran capacidad de aislamiento térmico y acústico.

Clasificación de los bloques prefabricados de hormigón y aligerados

Los bloques de hormigón y aligerados pueden clasificarse en función de su **resistencia a compresión**, o sea, la relación entre la carga de rotura de un bloque y su sección bruta neta pudiendo ser según su resistencia nominal: R3 R4 R5 R6 R8 R10.

Otra clasificación que puede realizarse de los bloques es según su **índice de macizo,** que es la relación entre la sección neta y la sección bruta del bloque, pudiendo ser:

- H: bloque hueco: bloque con índice macizo entre 0.4 y 0.8.
- M: bloque macizo: bloque con índice macizo superior a 0.8.

Según el **acabado**, pueden ser:

- V: Cara vista: bloque adecuado para su uso sin revestimiento.
- E: Para revestir, bloque que tiene una rugosidad suficiente para proporcionar una buena adherencia al revestimiento.

Según las **dimensiones,** tendremos:

- Serie A: 400, 200. Se designa por A y el ancho elegido.
- Serie B: 500, 250. Se designa por B y el ancho elegido.
- Serie C: 600, 300. Se designa por C y el ancho elegido.

Importante

Para bloques con relieves, el fabricante definirá las medidas de fabricación, que nunca serán inferiores a las indicadas.

La clasificación de los bloques prefabricados de hormigón según su **grado** se realiza por la capacidad para absorber agua:

Grado I	I (función resistente) Media 9 % 11 %
Grado II	II Sin limitación

Los bloques no deberán presentar un valor de absorción superior al establecido para su grado.

Los bloques pueden designarse según las siguientes referencias:

a. Referencia general al producto. Ej: bloque de hormigón de áridos densos.
b. Referencia al tipo, con su notación correspondiente a su índice de macizo, a su acabado y a sus dimensiones.
c. Referencia a su categoría.
d. Referencia al grado con su notación correspondiente.
e. Referencia a la normativa.

Ejemplo

Para la designación de un bloque de hormigón de áridos densos hueco, cara vista, con dimensiones nominales de 400 de largo, 200 de alto y 200 de ancho, y dimensiones de fabricación de 390 de largo, 190 de alto y 190 de ancho, con una resistencia nominal de 4 N/mm^2, y de grado II.

Bloque de hormigón de áridos densos AD-HVA200 R4// II UNE-EN 771-3:2011+A1:2016

Los bloques de hormigón de cara vista han de presentar en sus caras coloración y textura homogéneas y uniformes. Así, no deben presentar coqueras, desconchados ni desportillamientos. Si los bloques tienen un tratamiento ornamental, estas caras han de adaptarse a este tratamiento.

Definición

Coquera
Es una oquedad de corta extensión en la masa de una piedra.

En cuanto a las características geométricas de los bloques cara vista pueden darse las siguientes tolerancias:

- En ancho, largo y alto 2 mm.
- En espesor de paredes y tabiquillos, en ningún caso será inferior a 20 mm.

Con respecto a su forma, la rectitud de las aristas y planeidad de sus caras, han de cumplir:

	RECTITUD DE ARISTAS	PLANEIDAD DE CARAS
Bloque cara vista	Flecha máxima 0.5 %	Flecha máxima 0.5 %
Bloque a revestir	Flecha máxima 1 %	Flecha máxima 1 %

En el marcado de los paquetes de ladrillos o conjunto de paquetes unidos entre sí, debe aparecer como mínimo:

- Nombre e identificación del fabricante.
- Designación comercial del producto.
- Designación del producto según EN-771-1:2011+A1:2015.
- Identificación del lote de producción.

Existen también bloques para cerramiento con un uso principalmente decorativo, teniendo una de sus caras preparadas para este fin, encontrando variedad de colorido e imitación a piedras naturales. Los estructurales son los utilizados para los muros de carga.

Importante

Los bloques se colocarán en el muro manteniendo el espesor de las llagas y los tendeles.

3. Piezas especiales

Existen distintas piezas complementarias de los bloques de hormigón y aligerados cerámicos machiembrados para el desarrollo de los puntos singulares de la obra de fábrica, así como para realizar los ajustes dimensionales que sean necesarios para adecuarse a las características formales de cualquier tipo de muro y sus posibilidades de modulación.

A continuación, se citan las piezas especiales existentes y su principal empleo:

- **Pieza de esquina.** Son prácticas para la resolución de encuentros en esquina de dos muros con el mismo espesor.
- **Pieza media.** Se emplean para la apertura de huecos en muros (puertas y ventanas) y para el inicio del replanteo en las juntas de movimiento y

son muy prácticas en encuentros en esquina de muros de distinto espesor o en uniones de muros en T.

- **Pieza de terminación.** En conjunto con las piezas medias, se emplea en la apertura de huecos en muros.
- **Pieza de modulación horizontal.** Se usan para no cortar los bloques y ajustar la longitud del muro con las piezas base y este tipo de piezas.
- **Pieza de modulación vertical.** Estas piezas se utilizan para conseguir una altura concreta de muro, sin necesidad de emplear otros materiales para nivelar.
- **Pieza de emparche.** Se utiliza para forrar los pilares en los muros de cerramiento y para revestir los frentes de los forjados.
- **Pieza de dintel.** Se utilizan para realizar los dinteles que soportarán los huecos de puertas y ventanas. También pueden emplearse como apoyo del forjado.
- **Pieza ángulo 135°.** Esta pieza se utiliza para unir muros formando un ángulo entre ellos de 135°.

Aplicación práctica

El tajo de la constructora se encuentra en estos momentos en la ejecución de una nave industrial. Imagine que se incorpora entonces al trabajo.

Debe diferenciar las piezas que se encuentra en la zona de acopios a su llegada para preparar cualquier petición de su oficial.

Indique qué tipos de piezas son las de las imágenes, que son las que se acaba de encontrar en los palés existentes en la obra.

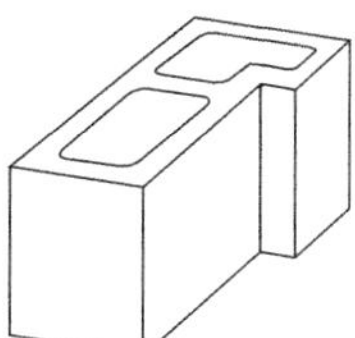

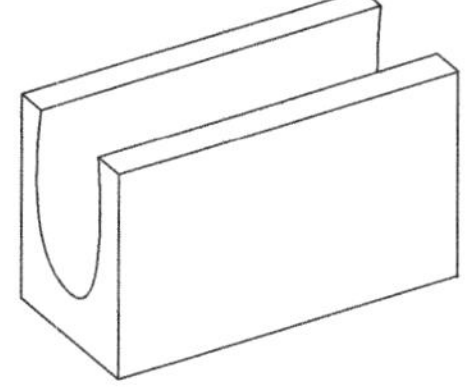

Continúa en página siguiente >>

<< Viene de página anterior

SOLUCIÓN

La pieza de la izquierda es la pieza de esquina mientras que la pieza de la derecha es la pieza de zuncho o dintel.

---

4. Resumen

Ha tratado el capítulo que concluye sobre los distintos tipos de bloques de hormigón existentes en el mercado para la ejecución de fábricas a cara vista.

Respecto a estos, hemos hecho especial incidencia en las clasificaciones por razón de resistencia a compresión, acabado, dimensiones, etc.

Además, se han definido las piezas especiales existentes en el mercado, tan necesarias en una ejecución de tipo modular como es la realizada mediante bloques de hormigón prefabricados.

Ejercicios de repaso y autoevaluación

1. De las respuestas indicadas, ¿cuál corresponde a la resistencia al fuego de los bloques de hormigón y aligerados?

a. 180 min.
b. 120 min.
c. 240 min.
d. 360 min.

2. Indique si la siguiente afirmación es verdadera o falsa. En el caso de ser falsa, escriba la afirmación correcta.

La indicación en un bloque de hormigón o aligerado como R8 hace referencia a su resistencia a tracción.

☐ Verdadero
☐ Falso

3. ¿Qué significa la notación en un bloque de hormigón o aligerado de la inscripción "Serie C-600"?

a. Indica su resistencia a compresión.
b. Marca su nula reacción al fuego.
c. Clasificación según su dimensión y ancho de 600.
d. Ninguna de las opciones es correcta.

4. ¿Qué tolerancia es permitida en los bloques cara vista para los espesores de paredes y tabiquillos?

a. No < 10 mm.
b. No < 20 mm.
c. No > 20 mm.
d. No > 10 mm.

5. Indique si la siguiente afirmación es verdadera o falsa.

Existen piezas especiales para realizar los dinteles que soportarán los huecos de puertas y ventanas.

- ☐ Verdadero
- ☐ Falso

Capítulo 4

Sellos de calidad y marcas homologadas en materiales de albañilería

Contenido

1. Introducción

En la continua búsqueda de la calidad en los diferentes productos existentes en el mercado, es el consumidor el que reclama la garantía de que el material que se pretende adquirir cumple con las exigencias buscadas en su compra.

El ámbito del sector de la edificación, y más concretamente el de los materiales utilizados en construcción, no se escapa de estos requerimientos solicitando la confirmación de que el producto adquirido cumple las expectativas buscadas.

Los sellos de calidad y las marcas homologadas pretenden solucionar esta problemática de confianza presentada en el consumidor, y con esta finalidad son emitidos.

2. Sellos de calidad y marcas homologadas en materiales de albañilería

La aprobación en el año 1.999 de la tan necesitada **Ley de Ordenación en la Edificación** (LOE Ley 38/1.999 de 5 de noviembre) vino a culminar una de las grandes necesidades del sector de la construcción, que no es otra que la de determinar todos los agentes que intervienen en el proceso de edificación, además de fijar un marco normativo estableciendo una serie de exigencias básicas que han de cumplir los edificios para lograr unos requisitos básicos fundamentales de seguridad y habitabilidad.

Como se ha comentado, la Ley de Ordenación de la Edificación determinó todos y cada uno de los agentes intervinientes en el proceso edificatorio. Entre todos, destacamos en este capítulo el artículo número 15, en el que se determinan las **obligaciones** a llevar a cabo por los suministradores de productos, entendiendo por tales a fabricantes, almacenistas, importadores o vendedores. Estas obligaciones se centran en la calidad de los materiales a suministrar para su incorporación permanente en una edificación.

La LOE, además, en su disposición final segunda, autorizó al gobierno para la aprobación de un **Código Técnico de la Edificación** mediante el que se establecieran las **exigencias** que han de cumplir los edificios en relación con los requisitos básicos de seguridad y de habitabilidad.

El Código Técnico de la Edificación fue aprobado mediante Real Decreto el 17 de marzo de 2.006 y consiste en una compilación de normas que nos lleva a una mejora en la calidad de la futura edificación fijando las **condiciones** que se han de cumplir en la redacción del proyecto, en la ejecución de las obras, en cuanto a los controles a desarrollar para conseguir una determinada calidad y las condiciones para el edificio terminado en cuanto a su mantenimiento y conservación durante el uso.

La **calidad** ha de conseguirse mediante el cumplimiento de unos requisitos en el proyecto y en la ejecución de la obra. Esta ha de desarrollarse conforme al proyecto, sus modificaciones, la legislación actual vigente, la buena práctica constructiva y las instrucciones del director de obra y del director de ejecución de obra.

Recuerde

El Código Técnico de la Edificación establece las exigencias que han de cumplir los edificios en relación con los requisitos básicos de seguridad y de habitabilidad.

La **dirección de la ejecución de la obra**, que en todo momento ha de satisfacer al proyecto, se desarrollará mediante un control:

1. **De recepción en obra de productos, equipos y sistemas,** que se llevará a cabo mediante el control de la documentación de los suministros, mediante marcado CE, distintivos de calidad o evaluaciones de idoneidad técnica y mediante ensayos.

2. **Durante la ejecución de la obra,** que se basará a su vez en un control de cada una de las unidades de obra, mediante verificaciones de replanteos, materiales empleados, correcta ejecución y disposición constructiva y de sus instalaciones.
3. **De la obra terminada.** Mediante las comprobaciones y pruebas de servicio de la totalidad o partes del edificio y sus instalaciones.

Toda esta documentación de los controles realizados con sus resultados, que el Código Técnico de la Edificación marca como mínima, se adjuntará al certificado final de obra que, una vez visado por el colegio profesional, se incorporará entre otros documentos al libro del edificio que entregará el promotor al usuario final de la edificación o propietario.

Los medios de los que dispone la dirección de obra para asegurar una ejecución con las suficientes garantías de calidad es la utilización de buenos materiales. El pertinente control no sería posible realizarlo sin la utilización de materiales marcados con sellos de calidad o marcas homologadas que han de proporcionar la seguridad al técnico de su aptitud.

Tanto los sellos de calidad como las marcas homologadas suponen que el proceso de fabricación de los productos ha sido controlado por un organismo externo, no es obligatorio y dota al producto de una calidad garantizada.

3. Marcado CE

La **marca CE** proviene del francés y significa "Conformité Européenne" o de Conformidad Europea y es una marca europea para ciertos grupos de servicios o productos industriales. Se apoya en la Directiva 93/68/EEC.

Fue establecida por la Unión Europea y es el testimonio por parte del fabricante de que su producto cumple con los mínimos requisitos legales y técnicos en materia de seguridad de los Estados miembros de la Unión Europea.

La marca CE debe ser ostentada por un producto si este se encuentra dentro del alcance de las aproximadamente 20 llamadas **Directivas "New Approach"** o "de Nuevo Enfoque" y puede venderse y ponerse en servicio legalmente dentro de los países que conforman la UE. Si el producto cumple las provisiones de las directivas europeas aplicables y la marca CE se ostenta en el producto, los estados miembros no pueden prohibir, restringir o impedir la colocación en el mercado o puesta en servicio del producto. La marca CE puede considerarse el pasaporte para el comercio del producto dentro de los países de la Unión Europea.

Nota

Se debe tener presente que la marca CE no implica la calidad del producto.

Este marcado CE es el que deben llevar los productos de construcción para su libre circulación en el territorio de los países miembros de la Unión Europea y países parte del Espacio Económico Europeo conforme condiciones establecidas en el Reglamento Europeo de Productos de Construcción (UE) 305/2011 u otras directivas que le sean de aplicación.

Es necesario tener muy claro que el marcado CE no es una marca de calidad ni implica, por tanto, que el producto ofrece unas garantías o prestaciones de calidad extras. El marcado CE es el cumplimiento de unos requisitos mínimos relacionados con la seguridad y un requisito imprescindible legal para que se pueda comercializar un producto. Las marcas de calidad seguirán existiendo, pero el hecho de tenerlas no exime ni sustituye a la obligación de tener el marcado CE.

Importante

El marcado CE de los productos de construcción es un primer requisito indispensable para la consecución de un buena calidad en el levantamiento de fábricas de cara vista pero debe completarse necesariamente con una buena ejecución y un buen mantenimento.

También conviene saber que el marcado CE no lo da la Administración ni los organismos notificados, sino que lo pone bajo su responsabilidad, el propio fabricante cuando ha realizado las tareas que implican el sistema de evaluación asignado al producto, aunque uno de los requisitos sea el tener el certificado o el informe de ensayo del organismo notificado elegido. No van a existir disponibles listados de fabricantes con marcado CE por productos, ya que a partir de su entrada en vigor, ya todos los fabricantes de ese producto están obligados a tener y exhibir el marcado CE.

Tareas de los fabricantes

Las dos tareas fundamentales que los fabricantes deben realizar en el marco de la directiva son los ensayos iniciales de tipo de los productos y tener implantado un sistema de control de producción de la fábrica. Según el sistema de evaluación de la conformidad que se le asigna a cada producto, dichas tareas serán evaluadas por organismos notificados y/o realizadas por el propio fabricante, lo cual dará lugar a que la documentación acreditativa del marcado CE sea diferente o tenga sus particularidades. Los organismos notificados pueden ser:

- Organismos de certificación de producto, incluyendo el control de producción en fábrica y los ensayos iniciales de tipo.
- Organismos de inspección, que certifican el control de producción en fábrica del fabricante.
- Laboratorios de ensayo, que realizan, en su caso, los ensayos iniciales de tipo de los productos.

El marcado CE es de carácter obligatorio para todos los fabricantes de materiales para la construcción, que son los responsables de fijarlo. Afecta al producto terminado, pero no afecta a la instalación, marca sus características técnicas, y en función del resultado será apto para unas condiciones u otras. Representa el nivel mínimo de seguridad que debe alcanzarse para poder comercializar el producto acabado en Europa y garantiza que cumple los requisitos esenciales de seguridad de el Reglamento Europeo de Productos de Construcción (UE) 305/2011.

Podemos asegurar, según lo explicado en el presente capítulo, que el empleo de materiales con marcado CE en la ejecución de fábricas de cara vista es el primer paso a dar para una correcta ejecución, aunque no es el único requisito.

4. Resumen

Se han definido en el presente capítulo las principales características de los sellos de calidad y de las marcas homologadas para los materiales utilizados en las tareas de albañilería.

El Código Técnico de la Edificación establece las exigencias que han de cumplir los edificios en relación con los requisitos básicos de seguridad y de habitabilidad.

Al encontrarnos bajo el amparo de la Unión Europea en España, ha sido de obligado comentario la definición del marcado CE, tan extendido en el ámbito de la construcción actualmente.

Ejercicios de repaso y autoevaluación

1. El origen del actual Código Técnico de la Edificación se encuentra en...

a. ... la Ley de Ordenación de la Edificación (Ley 38/99).
b. ... la Ley de Ordenación de la Edificación (Ley 68/99).
c. ... la Constitución española.
d. Ninguna de las opciones es correcta.

2. La dirección de ejecución de obra se desarrollará mediante...

a. ... control de recepción y ejecución.
b. ... control de ejecución y obra terminada.
c. ... control de recepción, ejecución y obra terminada.
d. ... control de recepción y obra terminada.

3. Indique si la siguiente afirmación es verdadera o falsa.

El marcado CE es el símbolo de conformidad de determinados productos con la legislación de armonización técnica europea.

☐ Verdadero
☐ Falso

4. ¿Qué reglamento establece que para poder circular en el mercado comunitario los productos de construcción que han acreditado su idoneidad deberán llevar obligatoriamente el marcado CE?

a. El Reglamento Europeo de Productos de Construcción (UE) 305/2015
b. El Reglamento Europeo de Productos de Construcción (UE) 905/2011
c. El Reglamento Europeo de Productos de Construcción (UE) 305/2011
d. Todas las opciones son incorrectas.

5. Indique si la siguiente afirmación es verdadera o falsa. En el caso de ser falsa, escriba la afirmación correcta.

El empleo de materiales con marcado CE en la ejecución de fábricas de cara vista es el único requisito a cumplir para una correcta ejecución.

- ☐ Verdadero
- ☐ Falso

Bloque 2

Método de trabajo en fábricas a cara vista

Contenido

1. Interpretación de planos y realización de croquis sencillos
2. Interpretación de pliegos y normas de cumplimiento obligado y discrecional
3. Replanteos en planta y en alzado
4. Relaciones de fábricas y otros elementos de obra
5. Elementos auxiliares
6. Protecciones contra la humedad
7. Patología
8. Procesos y condiciones de ejecución de fábricas vistas
9. Procesos y condiciones de calidad en fábricas vistas
10. Procesos y condiciones de seguridad en fábricas de albañilería

Capítulo 1

Interpretación de planos y realización de croquis sencillos

Contenido

1. Introducción

La correcta interpretación de la documentación gráfica de una edificación es el primer paso a realizar para una buena ejecución, ya que de esta dependerán los trabajos que definirán la fábrica vista.

Además, en ocasiones los planos no dejan resueltos ciertos puntos singulares que van surgiendo durante la elaboración de la misma, por lo que se hace imprescindible la realización de croquis sencillos que permitan, por un lado, al operario, expresar la duda, y por otro, al director facultativo, facilitar la comprensión de lo pretendido.

2. Interpretación de planos y realización de croquis sencillos

Para el desarrollo de las tareas asociadas a la ejecución de fábricas de ladrillos es necesario interpretar correctamente el proyecto y más concretamente los planos de ejecución. Debemos tener muy claro que hacer y donde debemos hacerlo. Además resulta interesante el dominio del levantado de croquis, ya sean de planta, alzados o detalles, que nos ayuden a trasladar información de los trabajos a la oficina o a los técnicos, ya sea para anotar variaciones de medidas con respecto a los planos originales, aclaraciones, detalles o preguntas, y por supuesto como herramienta para la creación de nuevos planos ya sea de posibles pedidos de reformas posteriores al inicio de la obra o de cualquier otra necesidad que surja a raíz de nuestros trabajos.

2.1. Interpretación de planos

Un plano es la representación gráfica, sobre una superficie plana –por lo general, de papel– de algo que deseamos dejar perfectamente determinado y documentado por medio de dibujo lineal.

Este "algo" representado en un plano puede referirse a infinidad de cosas, ya que realmente, todo lo que existe puede ser objeto de su representación por medio del dibujo lineal. Sin embargo, y a los efectos de la temática del presente módulo, consideraremos que el concepto de **plano** por antonomasia lo aplicamos a los relativos a la construcción.

Básicamente, el plano debe contener todos los datos necesarios para que queden fijados, con exactitud:

- La forma del edificio –o construcción– que se reproduce.
- Las medidas del mismo.
- La situación de todos los elementos constructivos que intervienen en su realización y acabado, como cimentaciones, estructuras, pilares, huecos al exterior, plantas, vertientes del tejado, instalaciones complementarias, etc.

Importante

Una construcción no es otra cosa que un cuerpo en el espacio, asentado sólidamente en el terreno y determinado por las tres dimensiones tradicionales: longitud o largo, anchura o fondo y altura.

Una **construcción** no es otra cosa que un cuerpo en el espacio, asentado sólidamente en el terreno y determinado por las tres dimensiones tradicionales: longitud o largo, anchura o fondo y altura.

El **volumen** de un edificio debe reproducirse, en el papel, por medio de la combinación de magnitudes planas, lo que obliga a que la representación gráfica tenga que resolverse por lo menos con el concurso de dos planos complementarios. Uno de ellos, facilitará la visión aérea de la superficie ocupada, en lo que estarán incluidas todas las medidas de longitud y de anchura. Los de este tipo se llaman **planos de plantas**. El otro, que se denomina **plano de alzada** o de alzado, servirá para representar una dimensión constante, la altura, que es la básica, acompañada de una dimensión alternativa. Esta puede ser la longitud, o bien la anchura, según sean las caras del edificio representado.

Resumiendo, la **planta** es la representación plana de una superficie horizontal paralela al terreno, que conforma el área en donde asienta el edificio local, lo que en términos vulgares podría considerarse como el suelo, y que no es otra cosa que la base de la construcción.

Un plano de planta señala los límites perimetrales, e indica con precisión el contorno y el grosor, no solo de los muros exteriores, sino el de los tabiques divisorios internos, señala la situación de pilares, puertas y ventanas, así como la presencia de cualquier otro elemento constructivo.

Por su parte, los planos de alzado representan las superficies verticales, perpendiculares al suelo, que hay en una construcción. Entre otras cosas, tienen la utilidad de indicar las medidas en altura de todos los elementos que intervienen en la obra, tales como rodapiés, zócalos, paredes, escalones, cambios de nivel, alféizares de ventanas, dinteles de puertas y ventanas, cielos rasos, etc.

Plano de alzado de una edificación

Nota

Por lo general, cada proyecto requiere el diseño como mínimo de un plano de planta y de un cierto número de planos de alzado.

Se comprende fácilmente esta diferencia, si pensamos que una construcción es un poliedro, compuesto por una base horizontal (la planta), y varias caras verticales, correspondientes a las fachadas. En la mayoría de los casos, geométricamente considerada, la casa es un cubo y, por lo tanto, las fachadas son cuatro.

Entre las cuatro fachadas, cada una de las cuales da origen a un alzado particular, hay siempre una que representa la cara principal del edificio que se llama entonces **fachada principal** o simplemente fachada, que incluye la puerta de acceso que comunica la construcción con el exterior.

Corrientemente incluyen las cuatro fachadas en un solo plano, con el título genérico de alzados. Las denominaciones particularizadas de cada fachada acostumbran a ser:

- **Alzado frontal,** el que reproduce el frente del edificio, o sea, la fachada principal. Cualquier plano de alzado que lleve una de estas tres indicaciones, se refiere a la cara anterior de la construcción reproducida, cuya característica fundamental es la de contener la puerta de entrada.
- **Alzado fondo** o **fachada posterior,** cuando representa la cara opuesta al frente.
- Las dos fachadas situadas a ambos costados, que unen la fachada principal con la posterior y completan el cuerpo del edificio se denominan respectivamente **alzado lateral derecho** y **alzado lateral izquierdo,** teniendo en cuenta que los términos derecha e izquierda corresponden a los de la propia construcción contemplada desde la fachada frontal.

Nota

Los planos llevan siempre un texto explicativo, en la portada, que se refiere al contenido, de manera que cuando se tiene uno de ellos por primera vez entre las manos, no quepa la menor duda de lo que desarrolla el dibujo.

En la actualidad, se advierte la tendencia de sustituir los términos que acabamos de citar por las denominaciones basadas en la orientación de dichas fachadas con respecto al polo magnético, dándoles el nombre de los cuatro puntos cardinales. En estos planos se descubre enseguida la presencia de un signo que representa una flecha más o menos estilizada, con la letra N en la punta, que indica la situación del edificio con referencia al norte geográfico.

El dato permite conocer la orientación del edificio, lo que resulta interesante para saber cuál será la parte de la construcción que recibirá con mayor fuerza la insolación y proceder al reparto de las zonas o sectores interiores, para aprovechar o rehuir las consecuencias del soleamiento. También sirve este dato para saber cuáles serán las partes del edificio que estarán más protegidas de los vientos fríos del lugar.

Existe una gran libertad de diseño en la interpretación del símbolo que se utiliza para fijar la orientación de un plano.

Tipo de representación de la orientación geográfica

Es interesante saber que, en los planos con indicador de orientación geográfica, los nombres de las cuatro fachadas del edificio suelen acomodarse a los de los cuatro puntos cardinales, de acuerdo con sus situaciones respectivas y, por lo tanto, se prescinde de las denominaciones convencionales, que son las mencionadas anteriormente.

Para el lector de planos, es suficiente atenerse a la denominación original. No obstante, si se desea efectuar una trasposición para mantener los términos tradicionales, el cambio será muy fácil a partir de la determinación de cuál es la fachada principal. Normalmente, se considera como frente o fachada de una construcción a aquella en donde está la entrada de acceso principal.

Al hablar de los planos de alzado, suele asociarse tal imagen a la de los planos de fachadas de la casa, esto es, a la representación gráfica de las cuatro caras –o más– que tiene la construcción objeto de la reproducción delineada. Y así es, efectivamente, en la mayoría de los casos. Los alzados corresponden, corrientemente, a las fachadas de un edificio, y sirven para presentar el diseño, conformación y medidas proporcionalmente exactas de las caras externas. En resumen: los alzados se corresponden con la cara arquitectónica de la construcción.

Sin embargo, existe otro tipo de planos de alzado, los de paredes interiores. Estos se corresponden con los paramentos de locales y habitaciones.

Por lo general, se utilizan para proyectos decorativos, ya que estos planos de alzados son los que utilizan los decoradores e interioristas para presentar sus proyectos y llevarlos a la práctica, así como para planificar la instalación de servicios, tales como empotrados de líneas eléctricas, tendido de redes musicales y telefónicas, situación de las tuberías para calefacción central, o de colectores para la conducción de aire climatizado, etc.

Los planos de planta son utilizados por arquitectos, ingenieros, aparejadores, constructores, instaladores, etc., y en la mayoría de los casos se incluirán en los planos de planta detalles constructivos, de estructuración de espacios, de distribución de elementos complementarios, del mobiliario o de las instalaciones.

Merecen especial atención los planos que se conocen con el nombre de **corte de sección,** complementarios de los planos de planta y de alzado. Estos últimos son los que fundamentalmente determinan las formas y las medidas de un proyecto, mientras que las secciones completan el conjunto del mismo al proporcionar una serie de datos particulares relativos a elementos que, por una u otra causa, no aparecen o están confusamente delimitados en los planos generales de planta y alzado.

Los llamados cortes en sección o secciones se delinean a partir de unos supuestos cortes realizados longitudinal o transversalmente en la habitación o edificio, para dividirlos en dos planos geométricos perpendiculares a la planta y paralelos a las paredes.

En realidad, al tratar de explicar lo que son los cortes en sección, no debemos perder de vista el hecho de que, en cierta forma, los planos de planta corresponden a un corte en sección paralelo al suelo y por encima del mismo. Debemos insistir en este tema, porque es un concepto básico que ha de quedar bien claro para poder entender lo necesario para la lectura de planos e interpretación de los mismos.

Un ejemplo claro para el entendimiento de este punto se encuentra en la representación en los planos de planta de las ventanas, que obviamente nunca nacen a ras de suelo y, sin embargo, en todos los planos de planta aparecen representados los huecos al exterior de las ventanas. Además, es norma general que en estos planos de planta aparezcan representados los elementos que componen las instalaciones sanitarias (baño, bidé, ducha, inodoro, etc.), los que integran la cocina (armarios bajeros, fregaderos, fuegos, encimeras, etc.) y el mobiliario de dormitorios, comedor, sala de estar, etc. para ver los espacios de circulación y libres en las distintas dependencias.

Distintos tipos de secciones de una edificación

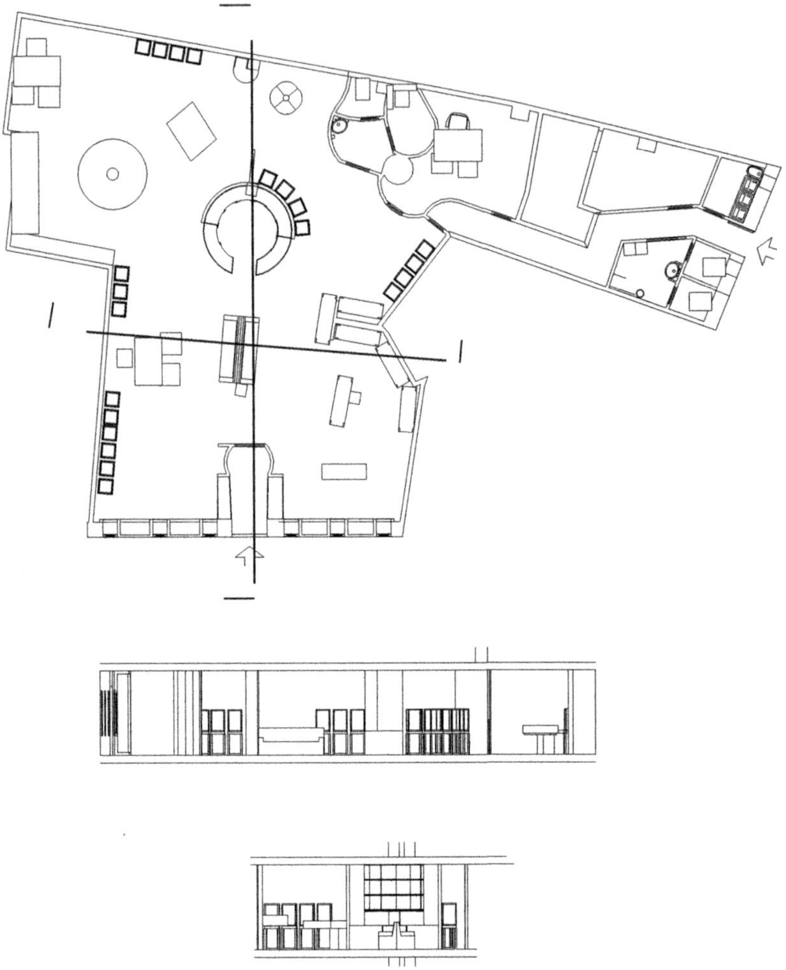

Recuerde

Los cortes de sección proporcionan una serie de datos particulares relativos a elementos que, por una u otra causa, no aparecen o están confusamente delimitados en los planos generales de planta y alzado.

Por todo lo expuesto, hemos de decir que un plano de planta no se representa a ras de suelo sino por encima de los alféizares de las ventanas, actuando de forma imaginaria, como si se hubiera seccionado la casa por medio de un corte, capaz de dividir el edificio en dos partes desiguales, separadas entre sí por un plano geométrico horizontal que alcance y englobe todas las aberturas o huecos al exterior.

En la documentación gráfica mínima de un proyecto han de incluirse, además de los planos de planta y alzado, las secciones. Estos planos no son más que cortes imaginarios longitudinales y/o transversales de la edificación representados mediante los alzados de estos cortes realizados en sentido vertical. Así, como hemos dicho, las secciones sirven de complemento al conjunto formado por los planos de planta y de alzado, al aportar detalles que estos últimos no llevan reflejados.

Para la denominación de las secciones en principio se denomina **sección transversal** a la que surge por un corte imaginario a lo ancho del edificio, o sea, paralelo a la fachada principal del mismo, mientras que la **sección longitudinal** será aquella en la que el corte se produzca de forma perpendicular a la propia fachada. En la práctica, suelen omitirse ambos nombres y tanto las secciones longitudinales como las transversales se acostumbran a llamar por medio de dos letras mayúsculas repetidas o dos dígitos consecutivos (Sección A-A o Sección 1-1).

Sabemos que un corte en sección se adjudica, de forma imaginaria, a un supuesto tajo dado al edificio que lo divide en dos partes, limitadas por un plano geométrico vertical, y que este corte puede ser transversal o longitudinal.

Como es lógico, un edificio no es siempre simétrico, y aunque lo fuese, la distribución interior que quedará al descubierto en la sección será cambiante, es decir, no será igual si el corte ha sido realizado en un punto o en otro.

Entonces, hay que indicar en el plano de planta el lugar exacto al que corresponde el alzado en sección mediante el marcado de la nomenclatura dada a la sección y unas flechas que indiquen la posición del observador en la sección sobre una línea de trazos y puntos.

Recuerde

Las secciones pueden ser longitudinales o transversales, aunque en la práctica suelen omitirse ambos nombres.

En cada proyecto se incluirán las secciones que se consideren necesarias para la correcta comprensión por parte de quien tenga que trabajar con la documentación gráfica. El número de secciones, por lo tanto, dependerá enteramente del proyectista. Aun no existiendo expresamente regla o norma alguna para la posición de los cortes, se da por supuesto que estos han de realizarse por aquellas partes de la edificación que precisan una mayor aclaración, de acuerdo con los elementos que comprende y que interesa detallar, dejando una representación clara y completa. Es habitual el empleo de líneas quebradas en la representación de las secciones, de forma que en estas se recojan el mayor número de puntos singulares a detallar como huecos, escaleras, cambios de altura, etc.

Un proyecto, para poder considerarlo completo, deberá contener una serie de planos referidos a detalles de importancia para la correcta ejecución de la obra pero que su inclusión en un plano general harían confusa la lectura de este, aparte de que muchas veces requieren ser tratados a mayor tamaño, para ampliar de esta forma la efectividad del gráfico.

En términos generales, un proyecto completo debe disponer de un conjunto de planos que comprenda, como mínimo:

- Planos de planta, tantos como diferentes existan.
- Planos de alzado, tantos como fachadas tenga el edificio.
- Un número, a determinar por el proyectista, de secciones.
- La cantidad de planos de detalle que sea conveniente en cada caso para facilitar la comprensión de la obra.

Nota

De lo que se trata es de que, con el manejo de cualquiera de los planos que conforman el proyecto, se perciba sin la más mínima duda la obra que comprende, tal y como su autor la haya ideado.

Debemos partir del supuesto de que no es difícil leer e interpretar correctamente un plano. Será suficiente con proponérselo, poner interés en la operación y poseer un mínimo sentido común. De hecho, suele ser suficiente con un breve aprendizaje, que han de pasar todos los profesionales de este campo.

Lo fundamental en un plano es la exposición clara de todas las medidas relativas a cuantos elementos intervienen en su composición, refiriéndose tanto a los elementos particularmente como al conjunto en el que se integran. Únicamente, el conocimiento de todas las medidas es lo que puede hacer viable la conversión de un proyecto establecido en la documentación gráfica que lo compone, en una obra natural y auténtica. Hay que recordar que un plano es la representación dibujada, a tamaño proporcional, del proyecto de una obra por realizar, o un documento que refleja una obra ya realizada.

Un plano debidamente acotado no ofrece el menor problema en cuanto a la comprensión de las medidas expuestas gráficamente. Las líneas de cota y las cifras de cota, aquellas indicando la extensión de un elemento y de todas y cada una de sus partes, y estas últimas señalando su valor real, son suficientes datos. La dificultad en la interpretación de las medidas comenzará en el mismo momento en que el plano se hace mudo.

Sin embargo, es posible leer estas cotas valiéndonos únicamente del dibujo que se nos muestra en el plano, ya que este no solo representa la forma y disposición exacta de las plantas, fachadas, etc., sino también las dimensiones reales totales y parciales de los elementos representados.

Ejemplo de plano acotado

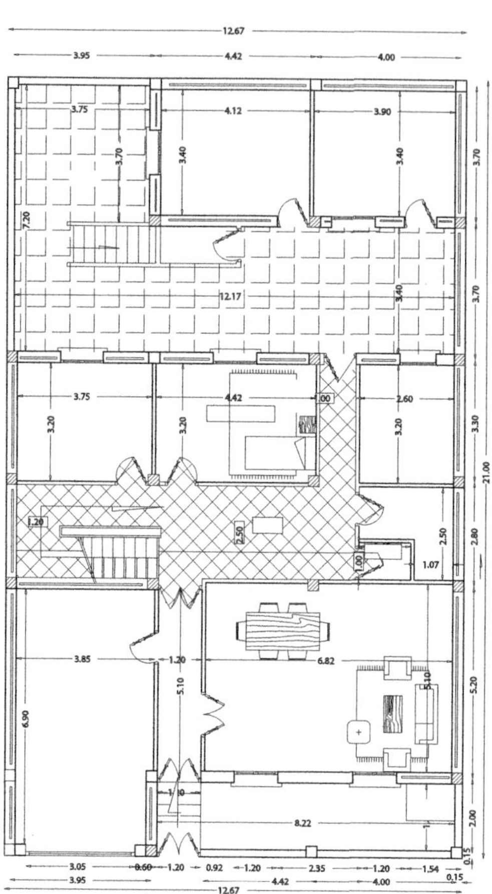

Esto quiere decir que los distintos paramentos que componen una edificación se dibujan de acuerdo al espesor y longitud real que tienen o tendrán.

Como es lógico, si el tamaño de los planos fuese el mismo que el de los edificios que representan sería casi imposible su delineación y su manejo posterior. Es por esto que los planos se reflejan respetando fielmente las medidas reales pero, proporcionalmente, un determinado de número de veces más pequeñas.

Por lo tanto, sabiendo la escala gráfica de un plano y una cota real del elemento representado en el mismo, podemos obtener todas y cada una de las medidas que necesitemos del mismo mediante medición directa en el documento gráfico con escalimetro, regla, escalas graficas, etc., y una serie de fáciles operaciones matemáticas que nos traspasen la medida realizada directamente a la medida real.

En construcción, es habitual el empleo de distintos tipos de escalas:

- **Escala natural.** Quiere decir que las dimensiones representadas son naturales, es decir, 1 a 1. Este tipo de escala se emplea en elementos de escasas dimensiones.
- **Escala de ampliación.** En ocasiones, es conveniente representar un elemento aumentando las dimensiones del mismo debido a su pequeño tamaño.
- **Escala de reducción.** Son las más empleadas en construcción. En este tipo de escalas, la dimensión real se reduce un cierto número de veces. Las reducciones que pueden hacerse pueden ser infinitas, por lo que se recurre siempre a normalizar su uso con el empleo de escalas normalizadas.

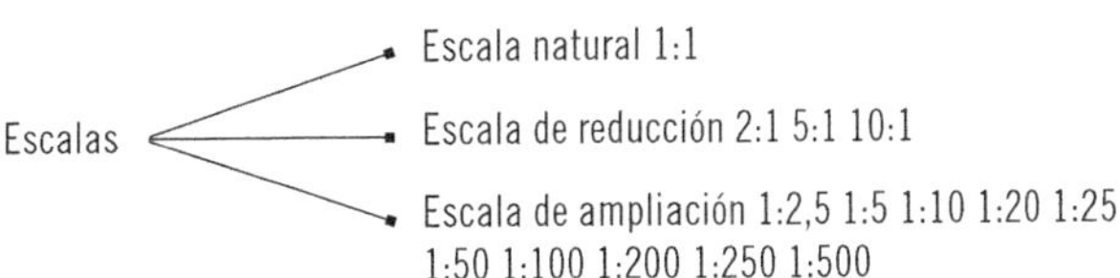

2.2. Realización de croquis sencillos

Cuando representamos el boceto de un objeto, simplemente pretendemos comunicar una idea muy aproximada del mismo, de forma que el diseño, por ejemplo, está sujeto a múltiples modificaciones posteriores. Pero cuando las ideas sobre lo que queremos hacer ya están más claras, se plasman sobre un dibujo más preciso y poco propenso a sufrir modificaciones: el **croquis.**

Para poder ofrecer toda la información posible en un croquis, de manera que al interpretarlo se comprendan perfectamente las características del objeto, hay que saber cómo es dicho objeto cuando se observa desde distintos puntos de vista, saber si tiene ejes de simetría, conocer cuáles son las dimensiones de cada parte de su estructura o el tamaño relativo de las piezas.

El croquis pretende reflejar perfectamente las características del objeto, sus dimensiones exactas, cómo son las distintas piezas que lo forman, etc. Es un dibujo definitivo, que no debe sufrir modificaciones posteriores.

Nota

Para realizar un croquis, empleamos instrumentos de dibujo técnico, como son lápices de distintos grosores, estilógrafos, reglas, escalímetros, compases, transportadores de ángulos, etc.

Para la realización de un croquis deberemos seguir los pasos explicados a continuación:

1. **Preparación del material.** Se ha de utilizar papel blanco, relativamente fuerte, usándose hojas sueltas o bloc, pudiéndose utilizar papel cuadriculado. En este caso, las cuadriculas deben de ser poco visibles. El lápiz ha de ser de dureza media (H o 2H), puesto que no es conveniente que sea blando para no ensuciar el papel y si es muy duro dificultaríamos el borrado. La goma de borrar ha de ser blanda. Los instrumentos de medida empleados serán: metro, calibre, compases, micrómetros, galgas de roscas, falsa escuadra, transportador de ángulos, plantillas de curvas, etc.
2. **Examen del elemento.** Observar el elemento en su posición normal, que suele ser la posición en la que repose. Determinaremos el número de vistas que son necesarias para definirlo, y fijar el tamaño del papel.

3. **Iniciación del croquis.** Elegir las vistas y distribuir los espacios. Haremos una distribución de los espacios necesarios para situar las vistas. Esta fase es muy importante ya que, de no tener claro qué vistas son las elegidas, corremos el riesgo de que alguno de los perfiles se nos salga de la lámina. Hay que comprobar si es necesario utilizar alguna sección.
4. **Ejecución final.** Una vez que tenemos claro qué vistas son las necesarias, tendremos que empezar a dibujar, siguiendo el siguiente orden:

    - Situando en primer lugar todos los ejes de simetría en todas las vistas.
    - Situar seguidamente todos los círculos, si existen.
    - Situar las aristas de contorno, vistas y no vistas.
    - Realizaremos todos los enlaces entre líneas y arcos de circunferencia.
    - Trazaremos las líneas de cota.

5. **Acotado.** Se indicarán las medidas conocidas del elemento representado sobre líneas de cota trazadas anteriormente.
6. **Reglas.** Por último, se completa con los signos de mecanizado (alzado, sección, etc.).

Aplicación práctica

Como encargado de obra de una empresa constructora se le encomienda la realización de una pequeña perrera anexa a una vivienda unifamiliar que está ejecutando. La pequeña perrera ha surgido durante la ejecución de obra y en la documentación gráfica del proyecto de obras no aparece ningún dato en relación a la misma.

El plano acotado y el alzado, sección que se anexa, es la única documentación que se le ha facilitado para su realización.

Deberá analizar el mismo y redactar todas las cuestiones a realizar a la dirección facultativa de la obra para que pueda ejecutar dicha perrera.

Continúa en página siguiente >>

<< Viene de página anterior

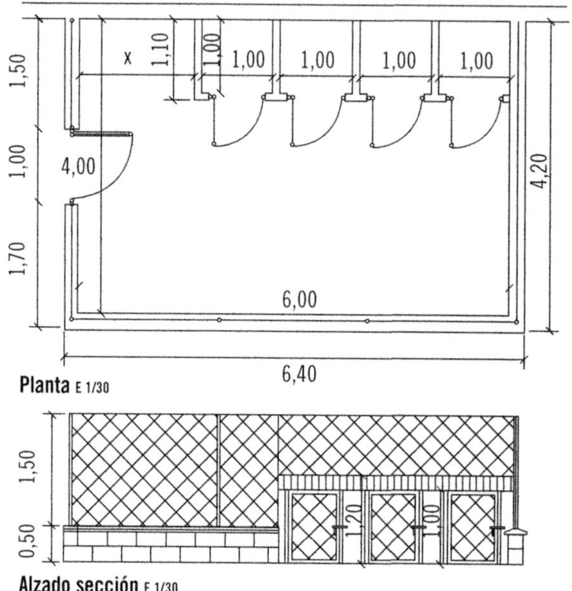

Planta E 1/30

Alzado sección E 1/30

SOLUCIÓN

En la documentación recibida no se observa la posición de la perrera en la parcela, se debe solicitar aclaración acerca de este punto.

No existe referencia alguna con la edificación para poder iniciar el replanteo de la misma, se deberá preguntar algún punto de referencia.

No se aclaran en los planos los materiales a utilizar en cada zona.

Determinación del valor de la cota X aparecida en la zona izquierda de la planta.

3. Resumen

El presente capítulo ha tratado sobre la interpretación de los planos de obra, comenzando por definir los distintos tipos de planos existentes, como el plano de planta, el de alzada y el corte de sección, y la información mínima a solicitar para una buena ejecución de una fábrica a cara vista.

Para ello, es fundamental el conocimiento de las escalas gráficas para lo que se han dado unas pequeñas nociones sobre las mismas.

Concluye el capítulo estableciendo unas pautas a seguir en la ejecución de croquis. Este pretende reflejar perfectamente las características del objeto, sus dimensiones exactas, cómo son las distintas piezas que lo forman, etc. Se trata de un dibujo definitivo, que no debe sufrir modificaciones posteriores.

Ejercicios de repaso y autoevaluación

1. Un plano debe contener todos los datos necesarios para que quede fijado con exactitud. Indique, de los datos que a continuación se exponen, cuál no es necesario:

a. Las medidas del plano.
b. La persona o entidad encargada de ejecutarlo.
c. La situación de los elementos constructivos.
d. La forma del edificio.

2. ¿Cuál de las siguientes respuestas no es correcta para la denominación de un plano de alzado?

a. Alzado frontal.
b. Alzado lateral derecho.
c. Alzado posterior.
d. Ninguna de las opciones es correcta.

3. Indique si la siguiente afirmación es verdadera o falsa.

Los llamados cortes en sección o secciones, se delinean a partir de unos supuestos cortes realizados longitudinal o transversalmente en la habitación o edificio, para dividirlos en dos planos geométricos perpendiculares a la planta y paralelos a las paredes.

☐ Verdadero
☐ Falso

4. ¿Cuál de los siguientes documentos gráficos no se adjunta en un proyecto completo?

a. Alzados.
b. Planos de planta.
c. Croquis.
d. Secciones.

5. **Indique si la siguiente afirmación es correcta. En el caso de ser falsa, escriba la afirmación correcta.**

 Las escalas de ampliación son las más empleadas en el sector de la construcción.

 - ☐ Verdadero
 - ☐ Falso

Capítulo 2

Interpretación de pliegos y normas de cumplimiento obligado y discrecional

Contenido

1. Introducción

En la continua búsqueda de la calidad en la edificación, y tratando de conseguir unas construcciones más duraderas, con el apoyo de la experiencia, se han establecido pautas de comportamiento en la fabricación de los materiales, en la composición de los morteros, en la ejecución de los trabajos, etc., ya que su correcto seguimiento nos asegura la consecución de los objetivos pretendidos de calidad y duración.

La correcta interpretación de los pliegos de prescripciones técnicas y de la normativa de obligado cumplimiento vigente es una tarea fundamental para la realización de una fábrica a cara vista, y el instrumento del que disponemos para certificar nuestros trabajos.

2. Interpretación de pliegos y normas de cumplimiento obligado y discrecional

El proyecto de construcción es el documento de partida en la ejecución de una edificación. Ha de diferenciarse entre **proyecto básico** y **proyecto de ejecución.** En el primero, se establecen los rasgos generales de la nueva edificación en cuanto a superficies, volúmenes, aspecto exterior, distancias a otras edificaciones, etc., y sirve para la tramitación de la pertinente licencia de obras, mientras que el proyecto de ejecución ha de establecer todas las pautas que son necesarias realizar para el correcto levantamiento de la edificación.

2.1. Documentos indispensables

Dentro del proyecto de ejecución, como en todos los tipos de proyectos existentes, han de incluirse cuatro documentos indispensablemente: memoria, planos, mediciones y pliego.

- La **memoria** sirve para la descripción y justificación de las soluciones adoptadas en el proyecto, incluyéndose apartados de cumplimiento de normativas específicas y de obligado cumplimiento, así como relaciones de superficies de construcción, previsiones de cargas eléctricas, trabajos a realizar, etc. En este documento también se identifican los agentes intervinientes en el proceso edificatorio como promotor y proyectista. El asunto del constructor no está aún decidido en el momento de elaboración de estos documentos.

- Los **planos** son los documentos gráficos del proyecto de construcción. Con ellos se debe situar y emplazar la edificación y definir todos y cada uno de sus alzados y plantas, estableciendo tantos como sean necesarios para su correcta ejecución. Para la realización de determinados elementos constructivos más complejos, como arcos, encuentros de ventanas, fachadas, elementos ornamentales, etc., han de realizarse planos detallados que definan perfectamente su ejecución.
- El **documento de mediciones** de un proyecto sirve para cuantificar las partidas a realizar y, de esta forma, poder valorar el conjunto de la edificación mediante la aplicación de precios unitarios a todas y cada una de las partidas definidas. La descripción de la partida a ejecutar, realizada en el apartado denominado "epígrafe", ha de ser clara y concisa, e incluir todas las labores a realizar consideradas incluidas en la misma, así como establecer un método de cálculo para su correcta medición.
- Por último, el **pliego de condiciones.** En este documento integrante del proyecto, se hace constar las condiciones o cláusulas que se proponen para la aceptación del contrato de obra, comprendiendo cualidades técnicas de los materiales a emplear y las normas que serán observadas durante la construcción de la obra.

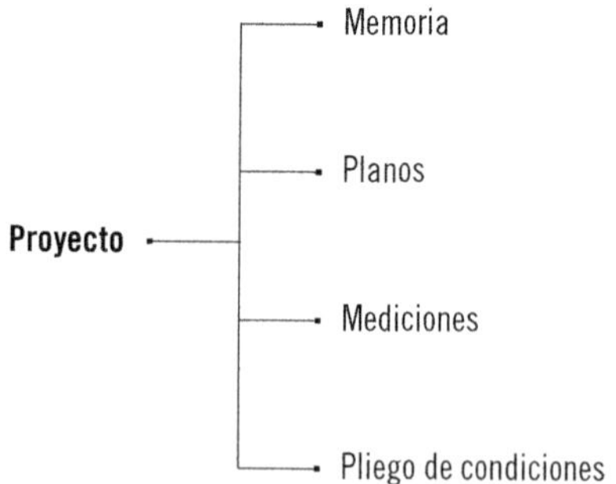

Además de estos documentos son fundamentales el presupuesto, el estudio de seguridad y salud, y el manual de mantenimiento. En el manual de mantenimiento se indican las revisiones a las que debe someterse el edificio a lo largo de su vida de servicio.

2.2. Normas de obligado cumplimiento

Dentro de las normas de obligado cumplimiento y observancia que se indicarán en el pliego de condiciones, se tienen que hacer especial referencia al Código Técnico de la Edificación (R. D. 314/2006). Con este documento se ha iniciado una nueva etapa en la construcción en la que la reglamentación es mucho más completa y en la que las posibilidades de cumplimiento de la misma no se limitan a lo establecido literalmente en ella. El CTE desarrolla los requisitos básicos de la Ley de Ordenación de la Edificación en forma de exigencias basadas en prestaciones, y proporciona asimismo métodos y soluciones para cumplir estas.

La reglamentación de la edificación con el CTE es más completa, puesto que regula aspectos que anteriormente no lo estaban, como, entre otros, la protección frente a la humedad de fachadas, muros y suelos en contacto con el terreno, aspecto de gran importancia puesto que repercutirá en los criterios de elección de los materiales cerámicos para el proyecto y construcción de dichos elementos constructivos.

Además, en este nuevo marco más abierto, las posibilidades de cumplimiento no se limitan a las establecidas literalmente en el CTE, porque, en primer lugar, el CTE establece la opción de cumplir con sus exigencias mediante el uso de lo que denomina **soluciones alternativas** y, en segundo lugar, habilita la posibilidad del cumplimiento mediante el uso de los **documentos reconocidos.**

Código Técnico de la Edificación

- Las **soluciones alternativas** son soluciones que se apartan parcial o totalmente de las descritas en los Documentos Básicos del Código Técnico de la Edificación y que el proyectista puede utilizar siempre y cuando cuente con el consentimiento del promotor y justifique adecuadamente el cumplimiento de las exigencias.
- Los **documentos reconocidos** son documentos de carácter técnico, sin carácter reglamentario, que contarán con el reconocimiento del Ministerio de Vivienda y que podrán ser especificaciones y guías técnicas o códigos de buena práctica, o cualquier documento que facilite la aplicación del CTE, excluidos los que se refieran a un producto particular o bajo patente. Son, en definitiva, documentos de apoyo que permitirán avanzar de una forma flexible y eficiente en el objetivo de mejorar la calidad de los edificios.

El Código Técnico de la Edificación se plantea, desde su inspiración prestacional, como un conjunto de exigencias básicas que las diferentes partes de la edificación deben cumplir de forma simultánea para, de esta forma, poder garantizar a su vez los requisitos de seguridad y habitabilidad establecidos en la Ley de Ordenación de la Edificación (Ley 38 / 1999) y que se desarrollan y definen en sus documentos básicos. Este planteamiento es totalmente **vertical,** es decir, el CTE se estructura según requisitos o prestaciones: protección frente a la humedad, demanda energética, protección frente al ruido, protección en caso de incendio, etc., no según elementos constructivos, que sería un enfoque más **horizontal.** Sin embargo, cuando se proyecta un edificio, la forma real de hacerlo es por elementos constructivos, teniendo en cuenta en cada caso las distintas prestaciones que cada elemento proporciona y debe cumplir.

Recuerde

El CTE desarrolla los requisitos básicos de la Ley de Ordenación de la Edificación en forma de exigencias basadas en prestaciones, y proporciona asimismo métodos y soluciones para cumplir estas.

Por todo esto, existen en el mercado numerosos catálogos con soluciones constructivas para el cumplimiento del CTE, proporcionando de una forma horizontal toda la información que el proyectista necesita conocer para cada uno de los distintos elementos constructivos constituyentes de la edificación. Dichos catálogos se configuran como documentos reconocidos, como herramienta fundamental en la fase de proyecto para el predimensionado de los distintos elementos, permitiendo el cumplimiento de las vigentes exigencias básicas del CTE.

Para el cumplimiento de los requisitos de **salubridad y acústica** del Código Técnico de la Edificación, es esencial adoptar ciertas disposiciones constructivas junto a condiciones generales de diseño y dimensionado para cada elemento constructivo. Estas disposiciones permiten un buen diseño de los puntos singulares de los diferentes elementos constructivos constituyentes de la edificación.

Como **elementos constructivos de la edificación,** se definen los enumerados a continuación:

- Fachadas.
- Particiones interiores verticales.
- Particiones interiores horizontales.
- Cubiertas.
- Muros en contacto con el terreno.
- Suelos en contacto con el terreno.

Las condiciones relativas a fachadas, cubiertas, muros y suelos en contacto con el terreno tienen como objetivo fundamental prevenir la entrada del agua y la humedad en los edificios. En el caso de las particiones interiores, tanto verticales como horizontales, las condiciones expuestas tienen como objetivo evitar la transmisión de ruido y vibraciones entre recintos colindantes.

Por **puntos singulares** se entienden todas aquellas partes de los diferentes elementos constructivos que suponen una discontinuidad en los mismos, como son:

- Los encuentros con otras partes del edificio:
  - Pilares.
  - Forjados.
  - Huecos.
  - Anclajes.
  - Antepechos.
  - Rebosaderos.
  - Canalones.
- Los formados en el perímetro o límite:
  - Coronación de la fachada.
  - Arranque de la fachada.
- Los constituidos por cambios de dirección:
  - Cumbreras.
  - Limatesas.
  - Limahoyas.
- Otros con presencia de elementos singulares:
  - Voladizos.

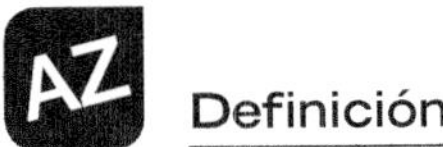

Definición

Antepecho
Es la parte maciza inferior del hueco que define una ventana, el cual se levanta desde el piso y exteriormente muestra la parte frontal inferior de una ventana.

Por tanto, para la justificación del cumplimiento del Código Técnico de la Edificación, normativa de obligado cumplimiento en los trabajos de albañilería de una edificación, no es suficiente con la cumplimentación de los documentos justificativos propios del CTE correspondiente en la memoria de proyecto (fichas justificativas del DB – HE, memoria de cálculo de estructura, etc.), sino que además se han de diseñar soluciones constructivas para los elementos constructivos empleados y resolver también los puntos singulares de las mismas.

3. Resumen

Se ha definido en el presente capítulo el proyecto de edificación, que es el documento de partida en la ejecución de una edificación. Ha de diferenciarse entre proyecto básico y proyecto de ejecución.

Dentro del proyecto de ejecución, como en todos los tipos de proyectos existentes, han de incluirse cuatro documentos indispensablemente: memoria, planos, mediciones y pliego.

Con el Código Técnico de la Edificación (R. D. 314/2006) se ha iniciado una nueva etapa en la construcción en la que la reglamentación es mucho más completa y en la que las posibilidades de cumplimiento de la misma no se limitan a lo establecido literalmente en ella.

El CTE establece la opción de cumplir con sus exigencias mediante el uso de lo que denomina soluciones alternativas y, en segundo lugar, habilita la posibilidad del cumplimiento mediante el uso de los documentos reconocidos.

Ejercicios de repaso y autoevaluación

1. **Indique cuál de los siguientes documentos no forma parte de un proyecto de construcción:**

   a. Mediciones.
   b. Pliego de condiciones.
   c. Contrato de obras.
   d. Planos.

2. **Indique si la siguiente afirmación es verdadera o falsa.**

   El documento de mediciones de un proyecto sirve para cuantificar las partidas a realizar y para valorar el conjunto de la edificación mediante la aplicación de precios unitarios a las partidas definidas.

   ☐ Verdadero
   ☐ Falso

3. **¿Cuál de las siguientes respuestas no es correcta para la justificación del cumplimiento de las prescripciones del CTE?**

   a. Las soluciones propuestas en el CTE.
   b. Documentos reconocidos.
   c. Soluciones alternativas.
   d. Sello AENOR.

4. **¿Qué reglamento establece que para poder circular en el mercado comunitario los productos de construcción que han acreditado su idoneidad deberán llevar obligatoriamente el marcado CE?**

   a. El Reglamento Europeo de Productos de Construcción (UE) 305/2015.
   b. El Reglamento Europeo de Productos de Construcción (UE) 905/2011
   c. El Reglamento Europeo de Productos de Construcción (UE) 305/2011
   d. Todas las opciones son incorrectas.

5. ¿Cuál de las siguientes respuestas no es un punto singular de un elemento constructivo?

a. Limatesas.
b. Voladizos.
c. Cumbreras.
d. Particiones interiores.

Capítulo 3

Replanteos en planta y en alzado

Contenido

1. Introducción

La tarea de replantear es la primera de las mismas a realizar al comenzar los trabajos de albañilería a cara vista en obra.

Esta tarea es fundamental para una correcta ejecución y no se limita únicamente a la interpretación en superficie del elemento constructivo a ejecutar sino que también en altura durante su ejecución.

Veamos más detalladamente a qué nos referimos con esto y las premisas que todo replanteo debe cumplir.

2. Replanteos en planta y en alzado

Replantear es marcar en el terreno la posición de puntos de un proyecto a partir de los cuales se va a materializar el mismo. Es decir, consiste en pasar las medidas del plano al terreno y marcarlo en tamaño natural según las indicaciones de los planos. Es uno de los pasos previos a casi cualquier operación en una obra.

Es por tanto evidente la necesidad y la importancia de las labores de replanteo, y sobre todo teniendo en cuenta que, al tener que efectuarse necesariamente a la vez que se ejecuta el edificio, y al apoyarse cada parte que se va construyendo en el previo replanteo de esta, cualquier error de replanteo repercutirá necesariamente en todas las labores que se ejecuten posteriormente.

Para el levantamiento de una fábrica de cara vista deberemos tener en cuenta ambas dimensiones: replanteo en planta y replanteo en altura, en alzado.

Así pues, partiremos, una vez afrontada la construcción de un edificio, del siguiente principio: nada se ejecutará sin estar previamente replanteado. Esto hace que el replanteo forme parte intrínseca del proceso constructivo. En este sentido, para que un replanteo esté correctamente ejecutado, deberán cumplirse las siguientes premisas:

- **Conocimiento del elemento a replantear:** debemos conocer todas las características geométricas y físicas del elemento a replantear, así como sus características constructivas. Entre las características físicas no debemos olvidar el peso, así como todas sus partes y funcionamiento. Debemos conocer además su influencia con su entorno, en relación a la necesidad de separación de otros elementos, edificaciones, etc., por funcionamiento, requerimientos legales, u otros. No podremos replantear ningún elemento del cual no conozcamos todos estos datos.
- **Documentación del elemento a replantear:** el elemento a replantear debe estar documentado en el proyecto de ejecución o en sus modificaciones autorizadas. Asimismo, debe estar referenciado geométricamente en el mismo. En este sentido, los planos o documentación gráfica que utilicemos para el replanteo debe estar referenciada siempre al edificio, a alguna de sus partes o a alguna referencia existente en el terreno. Nunca un plano de replanteo debe contener el elemento a replantear exento de referencias.
- **Conocimiento de todos los elementos relacionados:** es necesario conocer el entorno de lo que vamos a replantear, su relación con el resto de elementos constructivos del edificio, funcionamiento y orden de ejecución en la obra.
- **Posibilidad física de ejecutar el replanteo:** el replanteo, como hemos repetido, es la materialización física de una realidad teórica que existe en el plano. De nada sirve hacerla teórica en un pre-replanteo, podríamos decir, si es que no se puede replantear porque alguna labor previa no se ha podido ejecutar. No estamos en contra de un tanteo previo o pre-replanteo, pero esto no exime la necesidad del replanteo efectivo y real. En aquellos elementos cuyo replanteo no se pueda ejecutar sobre el terreno o parte del edificio, estableceremos métodos o construiremos dispositivos o ingenios que nos permitan ejecutar el replanteo real y físicamente y en su verdadera dimensión.
- **Comprobación del replanteo:** los replanteos, como todas las labores en construcción, una vez eliminadas las equivocaciones, contienen errores. Estos errores deben ser comprobados y corregidos.

Nota

Es necesario que los métodos e instrumentos que utilicemos para el replanteo estén comprobados y en buen estado de uso, así como que el personal que participe en los replanteos conozca perfectamente su utilización, aun en la tarea más elemental.

2.1. Normas generales y particulares

Se dictan a continuación, normas generales y particulares que serán, sin duda, no solo de utilidad en cuanto al elemento concreto a que se refieren, sino como idea extrapolable al resto de elementos que específicamente no se citan. De igual manera, las ideas que aquí se vierten, se refieren a la arquitectura tradicional, entendiendo que un proyecto singular debe contener suficiente información incluso para efectuar los replanteos.

Las labores de replanteo de albañilería en planimetría se realizarán normalmente mediante procedimientos de medición directa, es decir, utilizando la cinta métrica y escuadra de albañil, indicada específicamente en las dimensiones de la distribución interior de un edificio. Para la medición de alturas utilizaremos preferentemente la nivelación geométrica, mediante el nivel topográfico, aunque puede utilizarse tanto el nivel láser como el nivel de agua.

Acciones previas

Para iniciar un replanteo, es necesario realizar una serie de acciones previas fundamentales para que este se haga de una forma correcta:

- Recopilar toda la información del proyecto de ejecución (planos de replanteo, acotados, secciones, alzados, etc.).
- Limpiar la zona objeto de replanteo del elemento a levantar.
- Establecer nivel de referencia.
- Tener en cuenta toda la información en relación a las instalaciones de la edificación afectada.

Una vez se ha recopilado toda la información técnica que es necesaria para el levantamiento de la fábrica cara vista, deberemos analizar la misma, confirmando la existencia de todos los datos necesarios para el correcto replanteo: niveles, distancias a otros elementos, dimensiones, material empleado, etc.

El **replanteo de albañilería** representa el complemento de replanteo de la obra, una vez ejecutada la estructura, sobre la que necesariamente se habrá de apoyar, aunque deberemos tener en cuenta que los errores de estructura no deben repercutir en la albañilería. El replanteo de albañilería se realizará en conjunto con las carpinterías y cerrajerías de taller, ya colocando los premarcos o marcos de estas, ya previendo su posición y dimensiones. Para ejecutarlo, nos serviremos de los planos de replanteo de albañilería, que deberán estar acotados, siendo reprobable la costumbre de medir en ellos.

Consejo

Cualquier cálculo complementario de medidas debe hacerse por métodos numéricos.

Para comenzar a replantear la albañilería deberemos no solo conocer y estudiar los planos propios de albañilería, sino conocer también los planos o memorias de carpintería y cerrajería, y comprobar previamente si corresponden las dimensiones de estas a los huecos previstos en albañilería, al tiempo que habrá que terminar de definir detalles, soluciones y dimensiones, una vez se hayan decidido los fabricantes y suministradores concretos.

Deberemos conocer asimismo los revestimientos de las fábricas, para replantear su espesor total acabado, que es algo que debemos representar siempre. En el caso del levantado de fábricas a cara vista, este aspecto es necesario tenerlo en cuenta cuando alguna de las caras del elemento constructivo vaya revestida. Así pues, deberemos conocer el proyecto para saber no solo los gruesos de las fábricas, sino los gruesos de los guarnecidos, revocos, alicatados o chapados que las revestirán.

En los trabajos de replanteo nunca acumularemos medidas, a no ser que sea necesario por la gran dimensión de una longitud, ya que el replanteo se debe hacer estableciendo un origen y midiendo desde este siempre. Así pues, los trabajos de replanteo **planimétrico** no ofrecerán normalmente ninguna dificultad, más que la de la propia meticulosidad y esmero con que hay que hacer el trabajo para minimizar los errores, y en cualquier caso, tendremos recursos como para solventar cualquier dificultad. Pero el trabajo no termina aquí, ya que tan importante o más que la planimetría, y normalmente ejecutada junto a ella, son la labores de **altimetría.**

La **limpieza previa** de la zona de replanteo es también muy importante con objeto de que todas las marcas, señales o notas que se marquen no queden ocultas.

Cualquier paramento que se levante ha de estar asentado sobre un cimiento bien **nivelado** con el objetivo de evitar esfuerzos cortantes en las juntas que puedan debilitarlo.

Esta nivelación, a realizar previamente, ha de ejecutarse teniendo una cota de referencia o cota cero. Según esta cota, las alturas de los elementos a ejecutar y las irregularidades del asiento será necesario o no establecer unas primeras hiladas de fábrica. Es muy habitual realizar estas hiladas de arranque con un material distinto al del resto de la fábrica (aunque compatible). Para esto ha de tenerse especial cuidado en el corrido de niveles de la edificación, de forma que cuando el elemento constructivo esté finalmente terminado, queden totalmente ocultas. Lo más habitual en el levantado de este tipo de elementos de fábrica es que en el asiento no existan más de dos centímetros de desnivel, para lo que será suficiente la nivelación mediante la regularización con una pequeña capa de mortero.

La determinación de la cota de acabado en relación con otra de referencia ha de plasmarse en obra. Para ello, es necesario el empleo del nivel de agua traspasando las mismas a puntos conocidos e inamovibles durante toda la ejecución. El nivel de agua es una manguera de plástico transparente de ½" y 10 o 15 metros de longitud rellena de agua limpia que, mediante el principio de los vasos comunicantes, servirá para el traslado de niveles de unas zonas a otras. Es importante el cuidado de pérdidas de agua en la misma, para lo que es habitual el tapado de los extremos mediante el empleo de pequeños tapones de corcho.

Ejemplo de empleo de nivel de agua

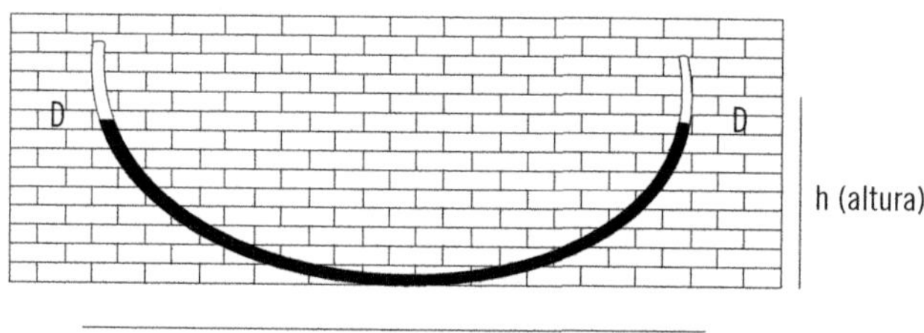

Al proceso de traspasar las cotas de referencia a la zona de ejecución lo denominaremos **corrido de niveles.** Es regla general el emplear un metro de separación del nivel final de acabado en las marcas realizadas en reglas y paramentos con el objetivo de que estas marcas sean mucho más visibles durante toda la ejecución y evitar las zonas bajas del elemento donde se acumulan más desperdicios y despieces, que podrían tanto evitar su visibilidad como propiciar su borrado. Para la materialización de las marcas, es normal el empleo de un lápiz, aunque también pueden emplearse otras herramientas como puntillas, sprays, hilos marcadores, etc.

Replanteo

Antes de iniciarse la ejecución, replantearemos en planta sobre el plano de arranque con el debido cuidado para que las dimensiones correspondan con las de proyecto. Para ello, el operario deberá proceder al replanteo de la primera hilada de la fábrica cara vista iniciando por un extremo de la misma la colocación de ladrillos sin ningún tipo de mortero, en seco, de acuerdo con la ordenación que el comienzo y el aparejo empleado requieran. Los ladrillos de esta primera hilada se separarán entre sí mediante el empleo de un escantillón (trozo de listón, un simple lápiz, una varilla de acero, etc.) que materializará el espesor que deberá tener finalmente la llaga de mortero empleada.

Definición

Llaga
Junta entre dos ladrillos de una misma hilada.

Al alcanzarse el extremo opuesto de la fábrica con el replanteo en seco es muy probable que no coincida exactamente con las dimensiones requeridas para la adecuada organización de este. Si existiese exceso, se robará a las llagas replanteadas de manera que se acorte el módulo del ladrillo más la junta de mortero. En cambio, si lo que existe es falta, se procedería a crecer las llagas.

Hay que hacer constar en este punto que la falta de coincidencia que puede darse nunca es superior a 1/8 de soga por la necesidad de empleo de tizones y ¾ en los comienzos. Tan pequeña diferencia (aproximadamente 3 cm) es fácil de repartir entre las llagas sin que estas varíen sustancialmente su espesor.

Mediante el replanteo en seco previo de la primera hilada de la fábrica deberán resolverse los puntos singulares de esta, es decir, encuentros con otros muros de igual o diferente espesor, mochetas de huecos, posición de accesos, etc., cuyas cotas han de haberse fijado en el proyecto, en función de las del ladrillo y las juntas que vayan a emplearse.

En caso de no realizarse este primer replanteo en seco, es muy probable que no sea posible satisfacer en todos esos puntos singulares las reglas de su adecuada organización, y mantener a la vez la regularidad del aparejo empleado.

Para el replanteo en altura de las fábricas de cara vista, este replanteo en seco definido ha de realizarse en cada una de las plantas afectadas cuidando, más aún si cabe, su exactitud para evitar excentricidades no previstas en los cálculos constructivos del proyecto.

Una vez que se ha concluido el replanteo en seco de la primera de las hiladas, se procederá a asentar esta con mortero, colocándose las piezas necesarias para que en las esquinas o extremos de los muros puedan subirse dos o tres hiladas con el **tendel** previsto.

En los extremos iniciados de esta forma se dispondrán **miras** o reglas rectas metálicas perfectamente aplomadas, en ellas se procederá a **escantillar** o marcar los gruesos de las distintas hiladas (ladrillo más tendel) a la vez que se nivela y sobre las que se tiende, bien tensa, la cuerda de atirantar o cordel, para asegurar la horizontalidad de las hiladas y la planeidad del paramento iniciado.

Detalle de cuerda de atirantar

Definición

Mira

Se llama mira a cada una de las reglas que al levantar un muro se fijan verticalmente para asegurar en ellos la cuerda que va indicando las hiladas.

También se marcarán en las miras el enrase que deberá tener la fábrica cara vista para apoyo de cargaderos o dinteles, arranques de arcos y bóvedas y antepechos de ventanas. En las mochetas de estos elementos constructivos, y en los puntos de enlace con otros muros, se colocarán también miras o reglas metálicas.

En cualquier caso, la máxima separación libre existente entre las miras deberá estar entre 4 y 8 metros, para evitar de esta forma flechas de la cuerda de atirantar.

En los muros que se ejecuten en talud, las reglas llevarán la inclinación que les corresponda en función de la inclinación del paramento y, en los muros curvos se situarán sobre las trazas del replanteo previo, y mucho más próximas entre sí, coincidiendo con las generatrices del paramento y empleándose, en sustitución de las cuerdas de atirantar, reglas aplantilladas curvadas.

En cuanto al replanteo de cotas en altura, partimos del nivel que marcamos en la estructura, y que continuaremos marcando en todas las fábricas a medida que se vayan labrando. Este nivel, que en algunas zonas de España se denomina **peso,** es una guía desde la cual replantearemos todos los elementos que contenga la albañilería, tales como:

- Antepechos: de ventanas y otros huecos.
- Dinteles y arcos: de todos los huecos.
- Cercos y contracercos: de puertas y ventanas.
- Elementos de cerrajería: en general, rejas, celosías, barandillas, etc.
- Chimeneas y conductos de ventilación.

- Pretiles y elementos de cubierta.
- Bañeras y platos de ducha.
- Mecanismos y cuadros eléctricos.
- Recrecidos y elementos de cambio de nivel.
- Fábricas en general.

El nivel, bien trazado y comprobado, posibilita una referencia insustituible en toda la obra, habida cuenta de que, si estamos trabajando con albañilería tradicional, la solería no estará colocada hasta después de haber ejecutado las instalaciones empotradas.

Nota

En tabiquería ligera, como es el cartón-yeso y derivados, este replanteo se ejecuta sobre la solería, aunque mantener el nivel visible, trazado en los paramentos, será siempre una buena receta para referenciar el resto de elementos.

Un caso especial son las fábricas exteriores, es decir, las fábricas de las fachadas. Por pocos errores que se hayan cometido en el replanteo, planta a planta, de la estructura, los bordes de esta no estarán perfectamente en la vertical deseada. Así pues, mediante plomadas, se decidirá el replanteo de fachada, que normalmente, con precisión de centímetros, habrá que colocar en su sitio. El plano de cada fachada se decidirá, a la vista de plomadas que cuelguen desde la planta alta hasta la baja en el punto más conveniente, promediando las diferencias que existan en cada forjado. Como quiera que en edificaciones muy altas esto no se pueda hacer, habrá de utilizarse elementos de mayor precisión, normalmente topográficos, para replantear los límites de la estructura.

Aplicación práctica

Necesita comenzar el replanteo de una estancia realizando el trazado a escuadra de dos de los paramentos que lo componen. Deberá indicar alguna de las formas existentes para el establecimiento de esta ortogonalidad.

SOLUCIÓN

- Método del triángulo 3-4-5.
  - Se toma un hilo de un poco más de 12 m y se le hace un nudo en un extremo.
  - Luego se mide 3 m y se le hace otro nudo, enseguida medimos 4 mts. y se hace otro nudo.
  - Por último, medimos los 5 m y se hace un último nudo.
  - El último nudo se junta con el primero y se pide ayuda a otras dos personas para tensar el hilo tomando cada uno un nudo.
  - De esta forma, se obtiene un triángulo grande, para que colocado sobre la línea de referencia se tenga la escuadra que se busca.

- Método secundario.
  - Se hacen dos medidas iguales a cada lado del Punto P a replantear, por ejemplo 1,50 m.
  - Luego se toma una cuerda de cualquier medida y se dobla en dos partes iguales.
  - La parte central de la cuerda la denominaremos punto A, que será por donde pasa la línea que queda a escuadra.
  - Las otras dos puntas se colocan sobre las medidas de los 1,50 metros en los puntos C y D.

- Método con brazos.
  - Una persona sobre el punto extiende los brazos sobre la línea demarcada con el hilo.
  - Luego va cerrando los brazos al mismo tiempo hacia adelante hasta que las manos se juntan.
  - Mirando hacia el frente, se marca un punto que aproximadamente está en escuadra con la línea en que se está parado.

3. Resumen

Se define en este capítulo perfectamente la tarea del replanteo. Replantear consiste en pasar las medidas del plano al terreno y marcarlo en tamaño natural según las indicaciones de los planos.

Para que un replanteo esté correctamente ejecutado, deberán cumplirse las siguientes premisas:

- Conocimiento del elemento a replantear.
- Documentación del elemento a replantear.
- Conocimiento de todos los elementos relacionados.
- Posibilidad física de ejecutar el replanteo.
- Comprobación del replanteo.

Existen una serie de pautas a llevar a cabo tanto previamente al comienzo del replanteo como una vez iniciado el mismo.

Ejercicios de repaso y autoevaluación

1. **Indique si la siguiente afirmación es correcta. En el caso de ser falsa, escriba la afirmación correcta.**

   Replantear es marcar en el terreno la posición de puntos a partir de los cuales se materializará un elemento sin apreciar lo indicado en el proyecto de ejecución.

   - ☐ Verdadero
   - ☐ Falso

2. **Indique la respuesta incorrecta. Para que un replanteo esté correctamente ejecutado deberán cumplirse ciertas premisas.**

   a. Posibilidad física de ejecutar el replanteo.
   b. Ninguna de las opciones es correcta.
   c. Conocimiento del elemento a replantear.
   d. Comprobación del replanteo.

3. **Al proceso de traspasar las cotas de referencia a la zona de ejecución lo denominaremos...**

   a. ... corrido de niveles.
   b. ... replanteo.
   c. ... escantillado.
   d. Ninguna de las opciones es correcta.

4. **Cualquier paramento que se levante ha de estar asentado sobre un cimiento bien nivelado con el objetivo de...**

   a. ... que este paramento sea autoportante.
   b. ... evitar la aparición de humedades.
   c. ... evitar esfuerzos cortantes en las juntas que puedan debilitarlo.
   d. Ninguna de las opciones es correcta.

5. Indique si la siguiente afirmación es verdadera o falsa.

Mediante el replanteo en seco previo de la primera hilada de la fábrica deberán resolverse los puntos singulares de esta.

- ☐ Verdadero
- ☐ Falso

Capítulo 4

Relaciones de fábricas y otros elementos de obra

Contenido

1. Introducción

Para la ejecución de los distintos elementos constructivos se han ido ideando con el paso del tiempo multitud de formas de ejecución diferentes que proporcionan a la fábrica cara vista aspectos bien distintos dependiendo de la organización o aparejo utilizado.

Además, para la solución de elementos singulares de obra se han pensado piezas y elementos de obra que ayudarán a su ejecución.

2. Relaciones de fábricas y otros elementos de obra

La albañilería, como ya se ha expuesto, genera una radical, sorprendente y genial mutación de los ladrillos en elementos constructivos. Para ello se apoya en dos ideas muy simples: "enlazar y unir los materiales que emplea", es decir, la **trabazón** y la **adherencia.**

Trabazón

La trabazón es el orden de colocar los ladrillos de modo que se aten, entrelacen y unan unos con otros. Como regla constante, toda junta de dos ladrillos debe quedar cubierta por otro ladrillo de la siguiente hilada, no solo en el paramento, sino también en la cara interior del elemento constructivo que se levante.

La trabazón, el enlazar los materiales, es la primera exigencia de toda fábrica de albañilería, ya sea esta de piedra, labrada o sin labrar, o de ladrillo cara vista o para revestir.

Con la trabazón, lo que se pretende es hacer la superficie de contacto entre las diversas piezas lo más complicada posible a fin de dificultar una dislocación de las mismas por presencia de esfuerzos de tracción que superen la adherencia entre ellas.

La actual normativa vigente y las leyes de la buena práctica constructiva establecen que ningún ladrillo debe solapar menos de ¼ de la longitud sobre el que descansa. Además existen otras leyes de traba como la de disponer ladrillos a tizón, emplear el mayor número de ladrillos enteros, usar solo piezas de ½ o ¾ de ladrillo, etc., que son consecuencia de entender de forma sencilla la albañilería.

Satisfaciendo de forma ineludible la exigencia de la trabazón, se han generado numerosos tipos distintos de aparejos cuyo estudio trataremos más adelante.

Importante

Las fábricas de albañilería se apoyan en la trabazón de los elementos y en la adherencia de los mismos.

Adherencia

Los materiales que componen las fábricas de ladrillo cara vista no solo requieren su enlazado sino también que queden unidos entre sí, la adherencia, para la que se emplea el mortero.

Resulta conveniente aclarar que la perfecta adherencia entre ladrillos no depende, exclusivamente, del empleo de un mortero adecuado al ladrillo que se emplee y a las condiciones mecánicas y ambientales en las que actuará la fábrica. También se ve influenciada por el nivel de calidad de la puesta en obra, o ejecución, de la fábrica.

En cuanto a la idoneidad de uno u otro mortero para su uso en una determinada fábrica de cara vista, además de tener en cuenta las características mecánicas y ambientales, habrá de determinarse el color a emplear de forma que no estropee el nuevo elemento constructivo.

Disposición de los ladrillos

Atendiendo a la trabazón, los ladrillos se disponen en la fábrica en **hiladas** (conjunto o serie de ladrillos asentados sobre una misma superficie generalmente plana) sucesivas. Por tanto, toda fábrica esta constituida por hiladas y, estas, a su vez, por ladrillos.

En elementos resistentes, el ladrillo se asienta por tabla, es decir, con su cara de mayor superficie perpendicular a los esfuerzos de compresión que solicitan a la fábrica. Esto tan solo presenta la excepción de la organización denominada **tabicada,** que en arcos y bóvedas confiere a los ladrillos otra postura respecto a los esfuerzos.

En los ladrillos de una hilada para su posición, existen dos posibilidades según presenten, al haz o cara del paramento, el ancho del ladrillo o el largo del mismo. En el primer caso, se conoce como **asentado a tizón o de asta.** En el segundo, **asentado a soga.**

Detalle de las partes de un ladrillo

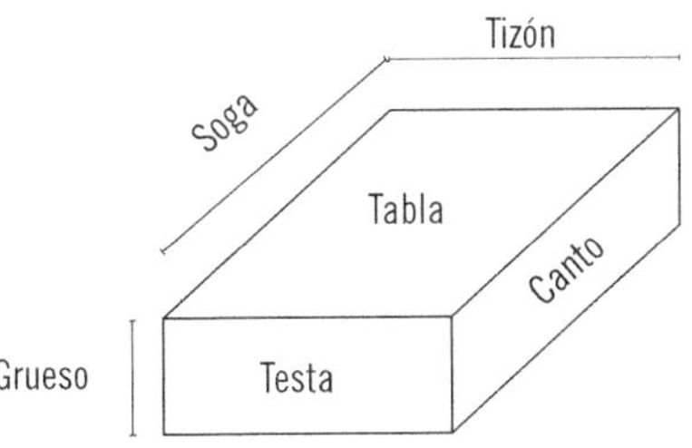

La disposición natural del ladrillo en la fábrica puede ser, por tanto, en hiladas corridas de tizón, de sogas o alternas (combinación de sogas y tizones en la misma hilada). No obstante, existen otras disposiciones, de finalidad esencialmente arquitectónica, de composición o decorativa, en las que el ladrillo genera hiladas **dentelladas** y **arpadas**. Estas últimas, junto a las corridas ya mencionadas, en relación con el haz o paramento de la fábrica, pueden ser **enrasadas, rehundidas** o **resaltadas.**

De la misma manera, y con igual finalidad compositiva, los ladrillos de una o varias hiladas pueden presentarse **de canto** o **a sardinel,** también denominado de rosca, e incluso **oblicuos.**

En las fábricas de ladrillo se llaman **juntas** al mortero que ocupa los espacios entre ellos, uniéndolos, a fin de conferir a la fábrica la necesaria adherencia.

Pueden distinguirse, fundamentalmente, dos tipos de juntas:

- **Llaga,** es la junta constituida por las piezas de una misma hilada.
- **Tendel,** es la junta entre dos hiladas sucesivas.

Respecto al espesor de las juntas, en los elementos resistentes ha de ser lo más delgado posible (de 10 a 12 mm y 4 a 5 mm en ladrillos finos prensados).

Nota

Los gruesos excesivos de tendeles provocan asientos dada la retracción que sufre el mortero.

Además, debemos considerar también el aspecto o terminación que presentan respecto al paramento exterior, pudiendo tener:

- **Enrasadas.** El mortero queda en línea con el paramento.
- **Rehundida.** El mortero queda remetido respecto a la línea de la fábrica.
- **Salientes.** El mortero sobresale de la línea de paramento.
- **Matada inferior.** El mortero queda aplastado mediante la introducción de la punta de la paleta remetiendo el borde inferior del tendel.
- **Matada superior.** Igual pero en esta se remete el borde superior.
- **Oculta o a hueso.** El mortero queda fundamentalmente alojado en el rebajo de los ladrillos prensados por tabla.

El empleo de los diversos tratamientos de las juntas en la fábrica genera, junto con los aparejos, diversidad estética en las fábricas. El uso de una u otra junta debe condicionarse por razones de tipo técnico. En fábricas a cara vista se recomienda:

- No emplear las juntas matada inferior y salientes, ya que facilitan la retención del agua de lluvia y, por tanto, aumentan los riesgos de absorción de esta por las fábricas.
- No emplear juntas rehundidas con reglillas de excesivo remetido (> de 5 mm).
- El empleo de juntas matada superior, enrasada y rehundida. Esta última, si es llagueada, proporciona una barrera contra la entrada de agua de lluvia, al aumentar, por su ejecución, la compacidad del mortero que está próximo al paramento.

Denominamos **hiladas básicas** a las organizaciones que han de conferirse a los ladrillos en función del espesor de la fábrica. Dependen, por lo tanto, solo del espesor de la fábrica y no del tipo de elementos a construir (muro, arco, etc.) ni del aparejo empleado.

Conocer las hiladas básicas de una fábrica es muy simple, ya que el espesor o espesores que puedan presentar será, en buena lógica, múltiplo del ancho o tizón del ladrillo, resultando fábricas de medio, uno, uno y medio, dos, etc., pies de espesor.

Existen tres tipos de hiladas básicas: a tizón, a soga y alternas. En estas últimas, se alternan ladrillos a soga y tizón.

Nota

Existen más combinaciones, pero por razones estéticas son menos empeladas.

Veamos, a continuación, las diferentes hiladas básicas existentes para los distintos espesores:

a. **Fábricas de medio pie.** En estas fábricas solo es posible utilizar hiladas de soga, ya que el espesor impide emplear tizones. Por tanto, el cortar ladrillos en dos mitades para emplearlos como tizones lo entendemos contrario a la buena práctica constructiva. La hilada de soga se configura como una continuidad de sogas a lo largo de la hilada.

b. **Fábricas de un pie.**

- *Hilada de tizones.* Está configurada como una continuidad de tizones que abarcan el total espesor de la fábrica.
- *Hilada de sogas.* Configurada por ladrillos a soga en ambos paramentos y que cuajan el espesor de la fábrica.
- *Hilada alterna.* Está configurada por la alternancia de un módulo de la hilada de tizones y otro de la hilada de sogas. Otra combinación empleando dichos módulos también sería válida.

c. **Fábricas de dos pies.**

- *Hilada de tizones.* Exclusivamente con ladrillos situados a tizón.
- *Hilada de sogas.* Constituida por ladrillos a soga, como estos no cuajan la fábrica en el interior se sitúan ladrillos a tizón.
- *Hilada alterna.* Alternando módulos a tizón y módulos de sogas.

d. **Fábrica de pie y medio.**

- *Hilada de tizones.* Se configura con tizones al paramento principal completando el medio pie restante con sogas.
- *Hilada de sogas.* Idéntica a la de tizones al abatirla tomando como charnela el paramento principal.
- *Hilada alterna.* Esta fábrica presenta su propia ordenación. El módulo de tizón lo componen dos ladrillos terciados y el de sogas tres ladrillos.

e. **Fábricas de dos pies y medio.**

- *Hilada de tizones.* Se forma disponiendo ladrillos a tizón a partir del paramento principal completando el medio pie restante con sogas.
- *Hilada de sogas.* Idéntica a la de tizones al abatirla por el eje formado por el paramento principal.
- *Hilada alterna.* También, en este caso, presenta su propia ordenación. El módulo de tizón lo forman dos ladrillos terciados, uno en cada paramento, y uno entero dispuesto, este, en el interior. El módulo de sogas lo forman cinco ladrillos.

De todo lo expuesto para fábricas de un pie o mayor espesor, se deduce que:

- En fábricas de espesor igual a un número entero de pies (1, 2, etc.), las hiladas se forman de acuerdo a los siguientes criterios:
  - La hilada de tizones solo por tizones.
  - La hilada de sogas, por sogas a los paramentos y el resto, tizones.
  - La hilada alterna, alternando ambos módulos.
- En fábricas de espesor igual a un número no entero de pies (uno y medio, dos y medio, etc.), las hiladas se formarán a razón del siguiente criterio:
  - La hilada de tizones, con ladrillos a tizón a partir del paramento principal y completando el medio pie restante con ladrillos a soga.
  - La hilada de sogas, abatiendo al de tizones.
  - La hilada alterna, en el módulo de tizón dos terciados, uno a cada paramento, y cuajando el resto del espesor, si lo hubiera, con ladrillos enteros. En el módulo de sogas, tantos ladrillos como medios pies de espesor tenga la fábrica.

Aplicación práctica

El encargado de obra de la empresa para la que usted trabaja ha promovido su ascenso a oficial de primera. El gerente, para cerciorarse de su valía, le pide que comience una fábrica de un pie.

SOLUCIÓN

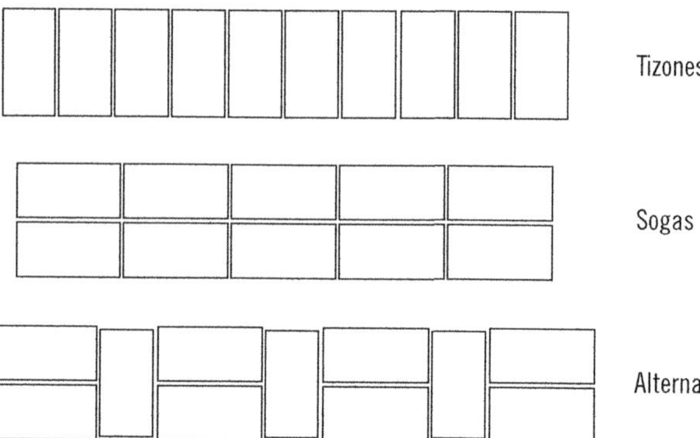

Se puede comenzar bien con una hilada de tizones, bien con una de sogas o bien con una alterna.

---

3. Resumen

En el presente capítulo se ha estudiado la pieza básica que compone la fábrica de ladrillo a cara vista haciendo especial hincapié en la junta de mortero que también compone este módulo elemental de la fábrica.

La trabazón es el orden de colocar los ladrillos de modo que se aten, entrelacen y unan unos con otros.

La perfecta adherencia entre ladrillos no depende, exclusivamente, del empleo de un mortero adecuado al ladrillo que se emplee y a las condiciones mecánicas y ambientales en las que actuará la fábrica. También se ve influenciada por el nivel de calidad de la puesta en obra, o ejecución, de la fábrica.

Por otro lado, existen distintas composiciones de las diferentes hiladas de ladrillos en función de la organización final de la fábrica.

Ejercicios de repaso y autoevaluación

1. Indique si la siguiente afirmación es correcta. En el caso de ser falsa, escriba la afirmación correcta.

La trabazón es el orden de colocar los ladrillos de modo que se aten, entrelacen y unan unos con otros; como regla constante, toda junta de dos ladrillos debe quedar cubierta por otro ladrillo de la siguiente hilada.

- ☐ Verdadero
- ☐ Falso

2. Indique cuál de las siguientes respuestas no se encuentra dentro de las Leyes de Traba:

a. Usar solo piezas de ½ o ¾ de ladrillo.
b. Disponer los ladrillos a tizón.
c. Emplear el mayor número de ladrillos partidos.
d. Emplear el mayor número de ladrillos enteros.

3. La perfecta adherencia entre ladrillos depende, además del empleo de un mortero adecuado...

a. ... del ladrillo que se emplee.
b. ... de las condiciones mecánicas y ambientales de la fábrica.
c. ... del nivel de calidad de la ejecución.
d. Todas las opciones son correctas.

4. Dentro de los tipos de juntas existentes, puede distinguirse entre...

a. ... llaga y tendel.
b. ... soga y tizón.
c. ... llaga y tizón.
d. ... soga y tendel.

5. En las fábricas de un pie, ¿cuáles son las hiladas básicas?

a. Hiladas alternas.
b. Hiladas de sogas.
c. Hiladas de tizones.
d. Todas las opciones son correctas.

Capítulo 5

Elementos auxiliares

Contenido

1. Introducción

La albañilería y, dentro de ella, las fábricas de cara vista se utilizan para el levantado de numerosos elementos constructivos con funciones muy diversas, como ventanas, balcones, puertas, cornisas, etc.

En la ejecución de todos estos elementos puede ser necesaria la utilización de elementos auxiliares que nos servirán mecánicamente (cargaderos), para la unión de materiales de distinto origen (cercos, marcos), de encofrado durante su ejecución (plantillas, cimbras, sopandas, etc.), etc.

En este capítulo se exponen con detalle los más importantes.

2. Elementos auxiliares

A continuación, detallaremos cada uno de los elementos auxiliares a emplear:

Cercos

Los cercos son piezas de enlace para la carpintería tanto de madera como metálica. Se emplean en todo tipo de ventanas, puertas y cancelas, se colocan durante el levantado de la fábrica de cara vista y sirven para enlazar la fábrica de ladrillo con la carpintería.

Nota

En este elemento será donde se acople posteriormente, ya durante la fase de acabado, la puerta, ventana o cancela que finalmente se instale.

Los cercos son elementos a facilitar por el encargado de realizar la carpintería en una edificación en una fecha muy anterior a su entrada en obra, durante la ejecución de la albañilería. Este punto de coordinación entre ambos oficios supone un hito en la realización de la edificación ya que un suministro tardío de los cercos impedirá que el inicio de los trabajos de albañilería se lleve a cabo.

Debido a este punto de coordinación entre dos empresas de distinto sector, el inicio de fábricas de albañilería a cara vista sin el servido de los cercos de carpintería no es tan anormal por razones de plazos de ejecución y entregas parciales.

Esta práctica, aun realizándose en la actualidad con cierta asiduidad, no deja de ser errónea por diversas razones:

- En el levantado de las fábricas de cara vista, la situación correcta y previa de los marcos de ventanas y puertas perfectamente nivelados horizontal y verticalmente permite su utilización como reglas en la ejecución de la fábrica de cara vista.
- El enlace entre marco y fábrica se realiza por medio de unas piezas metálicas denominadas **garras** que están incrustadas en el marco y se entremezclan en la fábrica. La colocación del marco tras la ejecución de la fábrica hace que se tengan que abrir posteriormente los huecos en los que se incrustarán las garras y sellarlos a su terminación, lo que hace que esta unión sea mucho más débil.
- El cambio en las dimensiones de los huecos tanto en ancho como en alto a lo largo de una fachada es constante, y el levantado de la fábrica con los marcos hace que estos errores se eliminen durante la ejecución.

Detalle de un cerco

Marcos

El marco es un bastidor que rodea o guarnece un elemento constructivo o un complemento decorativo. Se utilizan en las fachadas de los edificios para resaltar los huecos existentes en las mismas.

Un marco no es más que una estructura a modo de cerco que soporta, protege y complementa un hueco de construcción formando con éste un mismo elemento.

Los marcos pueden realizarse de cualquier color, forma o textura, en concordancia con el resto de la fachada, aunque los marcos rectangulares o cuadrados son las formas más habituales.

Nota

Algunos marcos pueden tener elaborados relieves, que pueden relacionarse con el tema de la obra en cuestión. Por ejemplo, escudos de linaje o heráldicos.

Cargaderos

El cargadero es la pieza que permite la ejecución de huecos en las distintas fábricas, sean de cara vista o no, pero en el caso de las de cara vista habrá de estudiarse su ejecución para que el mismo no desentone estéticamente con el resto de la misma.

Esta pieza es sobre la que descansa la carga de la fábrica existente sobre el hueco y la que transmite dicha carga horizontalmente a los laterales, a las mochetas del hueco, para que desde ahí sigan transmitiéndose verticalmente hasta su apoyo.

En la realización de un hueco de construcción primero se levantará el antepecho (caso de existir por ejemplo en ventanas) para luego realizar las jambas laterales. A continuación, y apoyado sobre estas jambas, se ejecutará el cargadero o dintel. Este elemento, al soportar todo lo que tiene encima, como ya hemos comentado, deberá ir armado y sus armaduras se prolongarán desde el final del apoyo. El armado le conferirá al elemento mayor resistencia a flexión para evitar de esta forma su pandeo.

El canto del cargadero (la altura) generalmente será ¼ de la luz, aunque adoptaremos lo indicado en el cálculo estructural. No debe escatimarse en la armadura empleada y ha de ser suficientemente rígida para que no fleche. El ancho suele ser 2/3 del espesor del muro. Se apoyará en las jambas 30 centímetros (para un hueco de 1,50 m) como mínimo. Si existieran dos huecos próximos, hasta un metro, puede emplearse un cargadero común. El cargadero se puede ejecutar con una pieza prefabricada en forma de U, con una viga de hormigón in situ, con una pieza prefabricada (una pieza para el hueco), con un perfil metálico. En las fábricas de cara vista, el proyectista deberá haber dejado definida perfectamente la ejecución de este elemento constructivo debido a la importancia del mismo y a la influencia de este en la estética del resto de la fábrica.

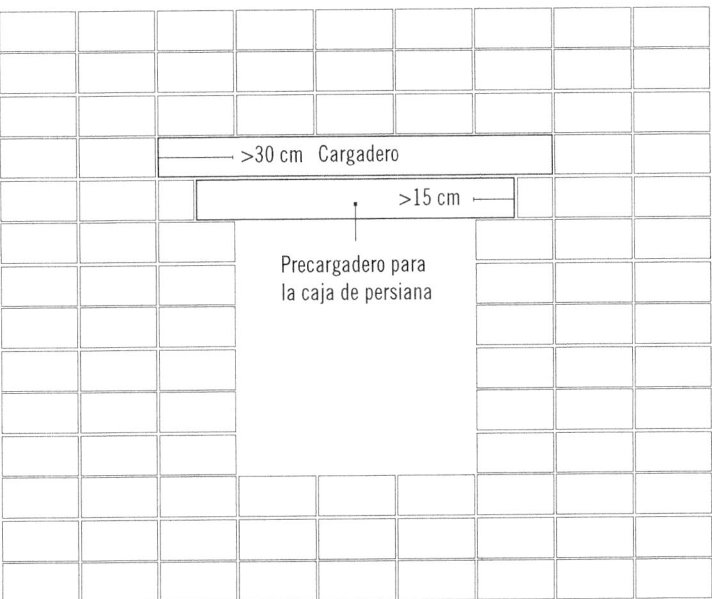

Detalle de un cargadero

Aplicación práctica

Está realizando una fábrica de un pie a cara vista en la que debe introducir un hueco para una ventana de 1,50 x 1,50 m. Deberá indicar las dimensiones del dintel para poder pedir el material necesario para su ejecución.

SOLUCIÓN

- El dintel será al menos de 2,10 m de longitud.
- Su canto, de 0,375 m como mínimo.
- El ancho, no menor de 0,20 m.

Plantillas

Una plantilla, o también llamado **molde,** es un dispositivo que se emplea para guiar, portar o construir un diseño o esquema ya predefinido.

Una plantilla agiliza el trabajo de construcción de elementos idénticos o casi idénticos que se repiten durante la ejecución de una obra de construcción. Si se quisiera un trabajo más refinado, más creativo, la plantilla no es sino un punto de partida, un ejemplo, una idea aproximada de lo que se quiere hacer. A partir de la plantilla pueden asimismo diseñarse y fabricarse nuevas plantillas.

Las plantillas, como norma general, pueden ser utilizadas por personas o por sistemas automatizados. Se utilizan plantillas en todos los terrenos de la industria y la tecnología. Una plantilla puede servir como muestra base de una diversidad sobre la que comparten elementos comunes (patrón) y que en sí es lo que constituye la plantilla.

Las plantillas o moldes para la construcción nos van a permitir fabricar diversos elementos constructivos. Dichos elementos constructivos pueden ser pilares, forjados, cimientos, zapatas de pilares, molduras, o incluso escaleras. En el levantamiento de fábricas a cara vista las molduras se emplean a menudo.

En el proceso de fabricación de los ladrillos aplantillados, por ejemplo, una plantilla sobre el bizcocho de arcilla cocida antes de su cocción será la que le dé la forma deseada consiguiéndose piezas muy diversas, como arqueadas, de esquina, en cuello de cisne, etc.

Son muy empleadas las plantillas también en la ejecución de vuelos y cornisas. Concretamente, en los ejecutados sobre fábricas de cara vista, determinan los salientes o entrantes de cada hilada consiguiendo una uniformidad constante a lo largo de todo el paramento.

Históricamente, el procedimiento de obtención de elementos constructivos se ha realizado mediante moldes, los cuales se hacían en madera, es decir, realizando encofrados o moldes para luego completar con fábrica de albañilería. De esta manera se obtienen los elementos constructivos, como, por ejemplo, el enmarcado de un hueco de construcción.

El inconveniente principal que presentan dichos moldes o encofrados realizados en madera es el tiempo que necesitan para ser fabricados u obtenidos, ya que la madera tiene que ser cortada y clavada de un modo preciso, y que además, por otra parte, una vez utilizado el molde, no se puede reutilizar, por lo que se tiene que hacer cada vez un molde nuevo, aunque el elemento constructivo sea el mismo.

Recuerde

Una plantilla agiliza el trabajo de construcción de elementos idénticos o casi idénticos que se repiten durante la ejecución de una obra de construcción.

Mediante el empleo de plantillas se superan todos estos inconvenientes existentes en los métodos tradicionales, y se consiguen plantillas que, una vez fabricadas, pueden ser utilizadas tantas veces como la ejecución del elemento constructivo en cuestión lo requiera.

Cimbras

La cimbra es una estructura auxiliar que sirve para sostener el peso de un arco, o de otras obras de albañilería, durante la fase de construcción.

Durante el proceso de construir arcos y bóvedas se utilizan para sujetar las dovelas hasta el momento de su terminación, cuando se pone la última pieza del arco, la **clave.**

También se denomina cimbra a la curvatura interior de un arco o de una bóveda.

En algunos países de Hispanoamérica también se utiliza el término **cimbra** para designar a los encofrados, por la semejanza de funciones con estos y, especialmente, cuando se trata estructuras auxiliares de grandes arcos de hormigón en puentes.

Existen diversos tipos de cimbras, que pasamos a enumerar a continuación:

- **Cimbra corrediza.** La que se corre cambiándola de sitio.
- **Cimbra de parhillera.** La que se usa en las galerías de minas.
- **Cimbra de tendido.** La empleada en las galerías de mina formada por una camada horizontal de estemples sobre los cuales se colocan rollizos y escombros.
- **Cimbra fija.** La que tiene uno o más apoyos en el espacio o clavo que hay entre los estribos o pilas de la bóveda.
- **Cimbra mixta.** La que, siendo en su forma o armazón general recogida, recibe luego los puntos de apoyo intermedios a los estribos como las fijas.
- **Cimbra peraltada.** Aquella cuyo eje es superior a la mitad de la cuerda del arco que la forma.
- **Cimbra rebajada.** Aquella en que la altura del eje es menor que la mitad de la cuerda del arco.
- **Cimbra flexible o recogida.** La que no tiene apoyo alguno intermedio y solo va apoyada en las fábricas de los estribos o pilas.

Monteas

Las monteas son dibujos a tamaño natural realizados en el suelo o en una pared de una bóveda o un arco para facilitar la toma de medidas y el despiece de la cimbra correspondiente. Por extensión, podríamos decir también que se trata de una indicación a tamaño natural, también en el suelo o en la pared, del emplazamiento de una obra, instalación, etc.

Sabía que...

Esta técnica de la montea proviene de los antiguos maestros canteros que tanto y tan bien han trabajado en nuestras catedrales e iglesias.

La montea consiste en que, mediante un trazado ejecutado a tamaño natural y de una forma lo más sencilla posible, se puedan obtener todos los datos y medidas necesarias para la ejecución del elemento constructivo en cuestión, normalmente bóvedas aunque también se han empleado para la ejecución de arquivoltas, rosetones o arbotantes.

Para la ejecución de las monteas, todo lo que se requiere es la planta del elemento constructivo, es decir, la proyección horizontal de la red de nervios en las bóvedas, por ejemplo, y la elevación de cada uno de los puntos de estas.

Hasta nuestros días se han conservado trazados realizados para arquivoltas, rosetones o arbotantes incisos en pavimentos de piedra, sin embargo nada del trazado de monteas para las bóvedas se ha conservado. Estos restos son la confirmación del procedimiento de grafiado de la montea sobre un efímero entarimado de madera.

Sopandas

La sopanda la podríamos definir como una pieza horizontal dispuesta adosada a la cara inferior de una viga, para evitar la flexión de esta cuando el espacio entre los muros en que se apoya es grande. La sopanda debe apoyarse a su vez sobre otras dos piezas inclinadas o **jabalcones,** que descansan sobre los muros y que impiden la deformación del sistema.

En la construcción de forjados, las sopandas se emplean para el apoyo de los elementos lineales o viguetas que, ayudados de puntales telescópicos, transmiten su esfuerzo verticalmente a niveles inferiores durante el proceso de montaje del forjado, hormigonado del mismo y fraguado final hasta que el elemento adquiere su propia resistencia.

En la ejecución de fábricas a cara vista, las sopandas se emplean bajo las piezas especiales de dintel, mientras que en este, el hormigón interior va adquiriendo toda la resistencia necesaria hasta su retirada. Las sopandas se complementarán con piezas verticales que transmitirán los esfuerzos a la parte inferior del hueco.

Detalle de una sopanda en un hueco

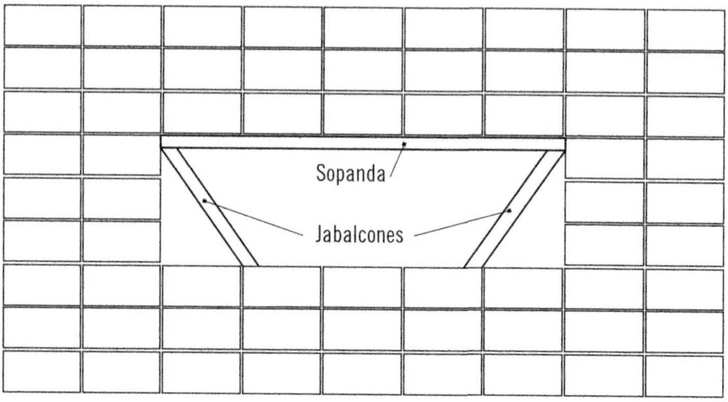

3. Resumen

Se ha tratado en este capítulo sobre los diferentes elementos auxiliares empleados en el levantamiento de una fábrica a cara vista, no solo definiendo el elemento auxiliar concreto sino también dando pautas a seguir para una correcta ejecución.

Así, hemos estudiado elementos como cercos, marcos, cargaderos, plantillas, monteas, sopandas y cimbras. Estas últimas pueden ser de varios tipos, tales como corredizas, de parhillera, de tendido, fija, mixta, peraltada, rebajada o flexible.

Ejercicios de repaso y autoevaluación

1. **Indique, de las siguientes respuestas, cuáles se producen al instalar un cerco con posterioridad al levantamiento de la fábrica de ladrillo.**

   a. Todas las opciones son incorrectas.
   b. Rotura provocada en las garras de anclaje.
   c. Errores en anchura y altura de huecos.
   d. Falta de nivelación en la fábrica.

2. **Indique si la siguiente afirmación es correcta. En el caso de ser falsa, escriba la afirmación correcta.**

   Un marco no es más que una estructura a modo de cerco, que soporta, protege y complementa un hueco de construcción formando con este un mismo elemento.

   □ Verdadero
   □ Falso

3. **De las siguientes respuestas, indique cuál no es una característica de un cargadero.**

   a. El cargadero remata superiormente un hueco.
   b. En el cargadero descansa la fábrica ejecutada por encima.
   c. El cargadero siempre tiene un antepecho previamente.
   d. El cargadero se apoya sobre las jambas laterales.

4. **De las siguientes respuestas, indique cuál no es una de las reglas a cumplir por un cargadero.**

   a. La altura del cargadero generalmente será ¼ de la luz.
   b. El ancho suele ser 1/3 del espesor del muro.
   c. El ancho suele ser 2/3 del espesor del muro.
   d. Se apoyará en las jambas 30 cm como mínimo.

5. Indique cuál no es un tipo de cimbre de las respuestas indicadas a continuación:

a. Cimbra mixta.
b. Cimbra peraltada.
c. Cimbra corrediza.
d. Cimbra móvil.

Capítulo 6

Protecciones contra la humedad

Contenido

1. Introducción

En la ejecución de las fábricas de ladrillo a cara vista el problema de la humedad en los elementos constructivos es uno de los más importantes.

La adopción de diferentes medidas durante la ejecución evitará la aparición de los problemas derivados de la misma.

A continuación, detallaremos las distintas protecciones que podemos utilizar, los casos cuando utilizarlas y las características de cada medida.

2. Protecciones contra la humedad

En la ejecución de fábricas de ladrillo visto, la problemática ocasionada por la humedad se da de muy diversas maneras en función del origen de la misma, teniendo:

- Humedad de construcción.
- Humedad del suelo.
- Humedad atmosférica.
- Humedad de condensación.
- Humedades accidentales.

2.1. Humedad de construcción

Parece lógico que una de las maneras de evitar humedades en las construcciones consista en eludir el empleo del agua en las mismas. En efecto, es a lo que se tiende en los sistemas de construcción con elementos prefabricados. En ellos se confeccionan las distintas piezas con material perfectamente seco y se montan en la obra en seco.

Así, se realizan construcciones con prefabricados de hormigón y con planchas galvanizadas perfiladas. También, en algunas zonas, se construyen *bungalows* de madera, especialmente como segunda vivienda.

En todos estos casos, el agua queda relegada, como máximo, a la solera de hormigón a nivel del suelo, con lo que se elimina prácticamente uno de los orígenes de las humedades en las edificaciones: el agua de la propia construcción.

No obstante, aun en países industrialmente más avanzados que España, la construcción tradicional sigue siendo la habitual y en ella el agua es un componente más que indispensable.

Sabía que...

Se calcula que un metro cúbico de fábrica de ladrillo cara vista recién terminado contiene de 130 a 230 litros de agua.

Todos los morteros se amasan con agua, las piedras contienen agua de cantera, gravas y arenas necesitan lavados previos, todas las obras de arcilla cocida tienen que colocarse mojadas, los hormigonados necesitan riegos durante su fraguado, etc., de manera que resulta inevitable que el edificio quede bastante húmedo al terminar su tarea el albañil.

Consejo

Por ello, recomendamos que, cuando se coloquen los marcos de madera de puertas y ventanas en obra antes de construirse los muros, se pinten únicamente las superficies de madera que han de estar en contacto con la obra, dejando sin pintar las otras dos caras de las maderas del marco.

Para el secado de la construcción existen diversos métodos:

Secado natural

No hay más remedio que dejar que la obra se seque antes de empezar con los acabados. Un procedimiento para favorecer el secado consistiría en terminar la estructura antes del verano, de forma que se aprovechasen los meses cálidos para su secado y proceder, a partir del otoño, a los acabados.

Pero la evaporación puede durar mucho más tiempo, a veces años enteros, cuando se emplean materiales tales como el hormigón compacto. En el caso de que se impermeabilice una sola cara, la evaporación tendrá efecto por la otra, pudiendo convertirse fácilmente en fuente de eflorescencias.

Un caso particular de secado de la obra es el de los productos orgánicos. Se sabe que debe evitarse el empleo de madera demasiado húmeda (peligro de putrefacción), pero no suelen tomarse suficientes precauciones para conseguir una madera del grado de sequedad requerida. En todo caso, resulta inadmisible recubrir las maderas de pinturas o impregnaciones, más o menos impermeables, si no se les ha extraído antes todo el exceso de humedad.

Velocidad de secado

El secado de un material depende en alto grado de las condiciones climáticas del lugar (temperatura, humedad, presión, velocidad del viento), y al mismo tiempo de la contextura del material y, particularmente, de sus poros, que conducen la humedad a la superficie de evaporación.

Los materiales con poros de mayor diámetro (ladrillo, cal, etc.) se secan rápidamente. Los materiales de estructura fina, en cambio (morteros de cemento, madera, etc.), tardan mucho en perder el agua. Las cavidades más importantes o las fisuras (células de hormigón celular, fisuras de retracción, etc.) aceleran el secado. Además, hay que tener en cuenta el exceso de agua a evaporar, que varía según los materiales empleados y que puede rebasar los 200 litros de agua por metro cúbico de fábrica de ladrillo, así como el espesor del muro, siendo la duración del secado sensiblemente proporcional al cuadrado de este espesor.

Secado artificial

No siempre puede acomodarse la marcha de la obra al ritmo de las estaciones. Por lo regular, hay que prescindir del tiempo independizándose de sus inclemencias. En estos casos, se procura el secado de la obra por medio de una buena ventilación a base de fuertes corrientes de aire o empleando estufas.

Se observarán todas las precauciones a que obligan las reglas de la buena construcción, como cubrir la obra durante la noche, con plástico y arena por ejemplo, cuando hay que temer heladas. En estos casos, se recomienda el empleo de aditivos para acelerar el fraguado del hormigón.

2.2. Humedad del suelo

En la mayoría de los casos, no puede evitarse que el suelo sea húmedo. Una gran parte del suelo siempre está saturada de agua, formándose la capa de agua subálvea o freática, cuyo nivel superior corresponde al nivel de agua de pozos.

En la práctica, hay que distinguir entre lo que sucede por debajo y por encima de la capa de agua subterránea. En la primera zona, el suelo está saturado y el agua actúa con presión sobre cualquier parte de la obra sumergida. La fuerza de penetración será tanto mayor cuanto más se descienda por debajo del nivel del agua. En la segunda zona, es decir, por encima de la capa de agua, esta penetra desde abajo por capilaridad o desde arriba, procedente de lluvia, nieve, regado, etc.

El caso más simple (sin riesgos de fisuración, aguas no agresivas) puede resolverse con zanjas drenantes o ataguías. En los casos en que la fisuración o la acción de las aguas corrosivas ha de temerse, hay que proteger el conjunto de la ataguía por una capa impermeable.

Consejo

La colocación de esta capa debe hacerse con cuidado, no directamente sobre la tierra, sino entre otras capas de hormigón o mortero o sobre una solera de ladrillos.

Barreras anticapilares

Teniendo en cuenta que en ciertos casos la humedad del suelo penetra en los paramentos por la acción de las fuerzas capilares, puede resultar adecuado colocar entre los elementos o paramentos de construcción y el suelo, unos conjuntos de poros grandes, tales como pedraplenes, escorias u hormigón magro de gran granulometría (gravas de grano grueso). Es lo que generalmente se efectúa sobre el terreno bajo terraplenes, o en construcciones subterráneas y es una solución que, en muchos casos, puede resultar suficiente.

Juntas impermeables

Consiste en establecer juntas horizontales en los muros, a nivel del suelo o ligeramente por encima de este. Suelen efectuarse con láminas asfálticas o con hojas de plomo.

Los objetivos de dichas juntas son evitar una infiltración demasiado abundante de agua por el suelo y evitar que la humedad suba por los muros por la acción de las fuerzas capilares. Este tipo de juntas suele aplicarse en edificios de poca altura. La discontinuidad que se produce en los muros suele despertar recelos en los técnicos cuando se trata de edificios altos.

Tratamientos hidrófugos

La solución aparentemente más simple para evitar la propagación de la humedad consistirá en hacer que los materiales de cimentación (piedra u hormigón en general) contuviesen tal propagación, lo que se conseguiría obturando sus poros. Es precisamente el objeto de los tratamientos hidrófugos, obtenidos por la adición de productos diversos al hormigón en el momento de la puesta en obra.

Nota

Estos productos se dividen en hidrófugos de superficie, que se computan como superficie aislante, e hidrófugos de masa, que tienen por objeto mejorar el conjunto del material.

Los diferentes hidrófugos que se ofrecen en el mercado pertenecen a algunos de los siguientes tipos:

- **Materias muy finas:** bentonitas, tierra de infusorios, emulsiones de resinas sintéticas muy finas, etc.
- **Sales de ácidos grasos:** son esencialmente jabones (estearatos, oleatos, lauratos).
- **Sales minerales:** sulfato de aluminio, fluosilicatos de cinc o magnesio, y, en menos grado, los silicatos de sodio y potasio y los carbonatos alcalinos.

Existen además materiales que, indirectamente, favorecen la impermeabilidad del hormigón, sin ser propiamente hidrófugos:

- **Fluidificantes o plastificantes:** reducen la relación agua/cemento, proporcionando un hormigón más compacto y resistente. Suelen ser lignosulfonatos, resinas, etc.
- **Aceleradores de fraguado:** los más utilizados parten de cloruros alcalinotérreos (cloruro de cal, principalmente).

Cámara de aire

Las cámaras de aire entre los muros de los sótanos y la tierra que los rodea son muy eficaces para impedir el paso de humedades del suelo a dichos muros. Estos muros no se ligarán con el muro de carga. Antes, se pintará la superficie de contacto con alquitrán u otra materia aislante. La ventilación de estas cámaras puede combinarse con la de la solera, con lo que también quedará aislada de humedades.

Cuando en la construcción del muro se utilice la tierra exterior como encofrado, la penetración de humedades a través de aquel solo puede evitarse mediante el empleo de hidrófugos en el hormigón. Si así no fuera, o como precaución suplementaria, se construye la cámara por el interior, previendo además una canalización para el agua que pueda penetrar en la cámara y una impermeabilización de la base de la cámara y del tabique.

Protección contra la acción química del suelo

No solo conviene proteger el edificio contra la humedad del suelo en sí, sino también contra la acción química del mismo o de las aguas subterráneas.

En primer lugar, son afectados de corrosión los metales enterrados en el suelo, problema importante para las canalizaciones. Es un fenómeno que se produce por electrólisis y exige la presencia, en la superficie del metal enterrado, de agua con sales o gas disuelto. Se produce una corriente entre metal y solución que provoca la corrosión. No parece haber gran diferencia entre los metales férricos, incluso entre los no férricos, en cuanto a la resistencia a la corrosión subterránea y no existe metal o aleación de poco coste que resista convenientemente, por lo que hay que recurrir a técnicas especiales de protección:

- Embebiendo en un hormigón impermeable.
- Con revestimientos especiales que nunca serán tan eficaces como para la protección atmosférica. Se elegirán preferentemente revestimientos bituminosos.
- Por protección catódica, que consiste en conectar una corriente continua al tubo que desea proteger, por una parte, y a una toma de tierra, por otra, con lo que se evitan las corrientes electrolíticas.

La acción de las aguas subterráneas sobre piedra, ladrillos u hormigones tiene por causas, ante todo, la presencia de sulfatos solubles (principalmente sulfatos de magnesio, calcio o potasio) que producen ligeras eflorescencias en los ladrillos de calidad normal y en los hormigones compactados o de cemento sulfo-resistente.

2.3. Humedad atmosférica

La mayor parte de un edificio, toda la que se eleva por encima del suelo, se halla en contacto permanente con la atmósfera. Esta contiene una cantidad variable de humedad en forma de vapor de agua, dependiente del clima, de las estaciones del año y del tiempo, distinto en el transcurso de los días o de las horas.

Esta humedad se comunica a los materiales más o menos porosos que componen los muros exteriores y cubierta del edificio, tratando de establecer constantemente un equilibrio higrométrico. Así, en días húmedos y durante las lluvias y nevadas, la humedad de la atmósfera penetraría en los poros de las piedras, ladrillos y morteros, hasta saturarlos de agua. Contrariamente, en días secos y de sol, la atmósfera absorberá la humedad contenida en los muros, produciendo su evaporación.

Higrometría
Es la parte de la física que estudia la producción de la humedad atmosférica y la medida de sus variaciones.

Humedad infiltrada

No solo se produce la humedad en el interior de las casas por infiltración de la atmósfera exterior. También la procedente de la atmósfera interior puede condensarse en los paramentos interiores de los muros exteriores o de los techos, y resulta a veces difícil dictaminar si la humedad se debe a una u otra causa. Salvo casos excepcionales, puede decirse que la humedad debida a condensaciones suele producirse antes de llover o después de lluvias muy ligeras, sobre todo en cambios de tiempo de un frío fuerte a templado y húmedo, mientras que la debida a infiltraciones solo ocurre después de fuertes lluvias y se manifiesta más pronunciada en las partes altas de la casa, menos en los sitios protegidos por aleros y cornisas. Estas humedades suelen ser difíciles de eliminar, mientras que las primeras desaparecen rápidamente con buena ventilación.

La humedad infiltrada se acrecienta con las precipitaciones que, en forma de lluvia, granizo y nieve, y ayudadas por el viento, penetran profundamente en los poros de los materiales en donde se producen las lesiones y defectos característicos de la humedad.

Efectos

Pueden resumirse en los siguientes:

- Infiltración general a través de muros y cubierta, con formación de goteras, hasta hacer la edificación inhabitable.
- Formación de manchas de humedad y de eflorescencias.
- Desconchamiento en ladrillos y morteros debido a heladas, cripto-florescencias y otras acciones químicas.
- Putrefacción de maderas, corrosiones y oxidación de metales, etc.

Infiltración general

La infiltración general a través de las paredes puede producirse en manchas de menor o mayor extensión.

La humedad de la atmósfera y la lluvia impulsada por el viento penetran a través de los poros de los materiales o a través de grietas capilares de diversa procedencia, generalmente causadas por la falta de adherencia entre los diversos elementos de la obra o por la contracción del mortero después de su fraguado, al secarse. La porosidad de los materiales es más bien una ventaja que un inconveniente, ya que el agua que penetra durante la lluvia en los poros, en lugar de deslizarse por la pared, es eliminada después por evaporación. En cambio, las grietas son las verdaderas fuentes de humedades que hay que evitar a toda costa, sobre todo en aquellos paramentos que presenten una superficie impermeable, puesto que por ella se escurre el agua de lluvia hasta encontrar alguna grieta por la que pueda penetrar. Una vez dentro de la pared, la superficie exterior impermeable impedirá la eliminación de la humedad por evaporación y el agua contenida en los poros del muro irá aumentando con lluvias sucesivas hasta que aparezcan en el paramento interior las terribles manchas de humedad.

Nota

Vemos pues que un revestimiento impermeable de los muros exteriores no suele resolver la cuestión de las infiltraciones, si no se consigue al mismo tiempo, evitar totalmente las grietas capilares, cosa muy difícil de conseguir.

Materiales higroscópicos

Además de la porosidad de las grietas, son causa de humedades los materiales higroscópicos empleados en la construcción de las paredes. Estos materiales tienen la propiedad de absorber la humedad y de conservarla, impidiendo la libre evaporación a través de los poros. Consisten principalmente en sales, como las contenidas en el agua del mar o en su arena, no debiéndose emplear ninguna de las dos en las obras, salvo la arena si se lava bien.

El peligro de estos materiales consiste en que, al absorber la humedad atmosférica, se disuelve y en esta forma se extiende y propaga al resto de fábricas. Así, si se emplea arena de mar en los revocos, lo más probable será que la sal contenida en ella se propague a la fábrica, de donde será muy difícil de eliminar.

2.4. Humedad de condensación

El aire ambiente contiene siempre una cierta cantidad de vapor de agua. La cantidad de humedad tiene un límite que varía según la temperatura del aire.

Condensación

Sucede en ocasiones que el aire que está a una temperatura determinada está envuelto por superficies más frías, caso de un edificio bien calefactado pero mal aislado en paredes y techos. En este caso, el frío de las paredes se transmite al aire en contacto con ellas, este aire baja de temperatura y origina condensaciones.

Estas condensaciones pueden evitarse mediante una adecuada calefacción en invierno, combinada con una buena ventilación de los locales y mediante el empleo de paredes con cámara de aire ventilada o rellenas de un material aislante (solución muy empleada en cerramientos de dos hojas).

2.5. Humedades accidentales

Son las provocadas por escapes en tuberías, salpicaduras en duchas, descuidos de personas en cuartos de baño, cocinas y lavaderos, etc. Las roturas y escapes en las conducciones son determinables y reparables, y el empotramiento de las mismas puede ocasionar fenómenos confundibles con condensaciones o infiltraciones.

3. Resumen

Se han definido en el presente capítulo los distintos tipos de humedades que se podrán encontrar a la hora de levantar una fábrica a cara vista. Estas son la humedad de construcción, la humedad del suelo, la humedad atmosférica, la humedad de condensación y las humedades accidentales.

Para, llegado el caso, poder identificarlas y tratar de corregirlas, las hemos definido y hemos dado pautas de comportamiento, tanto durante la ejecución como posteriormente.

Ejercicios de repaso y autoevaluación

1. **De las siguientes respuestas, indique cuál no hace referencia a un tipo de humedad manifestada en las fábricas de cara vista.**

   a. Humedad atmosférica.
   b. Humedad absoluta.
   c. Humedad del suelo.
   d. Humedad de construcción.

2. **Para el secado de las fábricas de cara vista existen varias maneras. Indique, de las siguientes respuestas, cuál no es una de ellas.**

   a. Secado artificial.
   b. Secado mediante estufas.
   c. Secado natural.
   d. Secado por eliminación.

3. **Los diferentes hidrófugos que se ofrecen en el mercado pertenecen a distintos tipos. Indique cuál no es uno de ellos.**

   a. Sales de ácidos grasos: son esencialmente jabones (estearatos, oleatos, lauratos).
   b. Sales minerales: sulfato de aluminio, fluosilicatos de cinc o magnesio, y, en menos grado, los silicatos de sodio y potasio y los carbonatos alcalinos.
   c. Materias muy finas: bentonitas, tierra de infusorios, emulsiones de resinas sintéticas muy finas, etc.
   d. Todas las opciones son correctas.

4. **Indique si la siguiente afirmación es verdadera o falsa.**

   No solo conviene proteger el edificio contra la humedad del suelo en sí, sino también contra la acción química del mismo o de las aguas subterráneas.

   ☐ Verdadero
   ☐ Falso

5. Indique cuál de los siguientes casos puede definirse como uno de los efectos producidos por la humedad infiltrada:

a. Formación de manchas de humedad y de eflorescencias.
b. Desconchamiento en ladrillos y morteros debidos a heladas.
c. Infiltración general de muros y cubierta, con formación de goteras.
d. Todas las opciones son correctas.

Capítulo 7

Patología

Contenido

1. Introducción

La ejecución de fábricas de cara vista tiene un claro objetivo estético. Al no revestir posteriormente la fábrica, el acabado que se le proporciona es el definitivo, así que cualquier defecto o patología que se le produjese quedará de forma permanente, afectando por tanto a la imagen del elemento constructivo.

Es por esto que dedicamos este capítulo a analizar las diferentes patologías que nos pueden surgir, sus causas y la forma de solucionar estos problemas.

2. Patología

Se analizan, a continuación, los principales tipos de patologías existentes en las fábricas a cara vista.

2.1. Eflorescencias

Las eflorescencias son manchas producidas por la cristalización de sales solubles en la superficie del ladrillo.

Normalmente, se trata de un problema leve de tipo estético, que no afecta a la durabilidad del ladrillo, a excepción de los casos en que se produzca un aporte continuo de sales procedentes del terreno, y que se auto eliminan a corto plazo con los ciclos naturales de humectación y secado.

La causa directa de las eflorescencias es la migración de una solución salina a través del sistema capilar del conjunto mortero-ladrillo y la acumulación de dichas sales solubles en la superficie expuesta, donde se produce una evaporación relativamente rápida. En las zonas de máxima evaporación, se precipitan las sales cuando la solución sobrepasa su concentración de saturación.

Aunque en algunos casos pueden tener un aspecto muy parecido, es importante no confundir las eflorescencias con las manchas de mortero, debidas a una deficiente eliminación del sobrante de este material durante la ejecución de la fábrica cara vista.

Aunque las eflorescencias se producen en la superficie del ladrillo, favorecida por el sistema capilar de este con respecto al mortero, el origen de las sales solubles causantes del problema puede estar en cualquiera de los elementos que componen la fábrica: ladrillo y mortero (cemento, agua y áridos).

Nota

Las eflorescencias aparecidas en las fábricas de cara vista están provocadas por la presencia de sales solubles en el mortero de la fábrica en mayor proporción que las producidas por el propio ladrillo que la compone.

La norma UNE 136029:2019 distingue tres clases de eflorescencias en función de la intensidad de la misma:

- **Velo fino:** capa de eflorescencia muy fina y semitransparente, solo discernible por comparación con el ladrillo patrón.
- **Velo grueso:** capa de eflorescencia fina con cierta transparencia.
- **Mancha:** capa de eflorescencia de espesor variable y opaca.

Como se ha visto, el problema de las eflorescencias es complejo por las múltiples variables que difícilmente pueden ser controladas totalmente. No obstante, pueden darse una serie de recomendaciones de puesta en obra y diseño que reducirán su importancia:

- Usar ladrillos calificados como no eflorecidos o ligeramente eflorecidos.
- Verificar la influencia del mortero haciendo pruebas previas con los materiales a emplear. Los cementos blancos y de central suelen producir menos eflorescencias.
- Apilar los ladrillos en superficies limpias para evitar su contacto con el terreno.

- No se recomienda mojar en exceso el muro tras su ejecución ya que el agua es el vehículo de las sales (en verano hay que evitar la deshidratación de la fábrica).
- En época de lluvia hay que evitar la acumulación de agua en las perforaciones del ladrillo durante su levantamiento.
- El embarrado interior debe realizarse al menos 48 horas después de la terminación del muro, rompiendo así la continuidad capilar.
- Cuando se emplee espuma de poliuretano sobre el intradós del muro, deberá proyectarse una vez haya secado este.

Teniendo en cuenta que la mayor parte de las eflorescencias se eliminan solas, se sabe que su mayor intensidad se produce a la terminación de la obra, por lo que son frecuentes los tratamientos de limpieza y debe tenerse en cuenta lo siguiente:

- No han de limpiarse los paramentos hasta que no estén secos.
- Si la única suciedad de la fábrica se debe a cristalización de sales, basta con realizar un cepillado de las zonas afectadas y un posterior lavado con agua limpia.
- Si, además, la fachada tiene manchas de mortero, se pueden adicionar pequeñas cantidades de ácido, regando antes y después con agua limpia para proteger el llagueado.

2.2. Desconchados

También denominados **caliches,** los desconchados son provocados por pequeños granos de óxido cálcico existentes en las piezas cerámicas de arcilla cocida. La expansión de los mismos producida por su hidratación provoca el desconchado de la pieza.

Los granos de óxido cálcico se forman durante la cocción y proceden de los granos de caliza (carbonato cálcico), contenidos en la materia prima, que no han sido suficientemente triturados durante el proceso de molienda. Para tamaños menores de 0,5 mm, la actividad de los "caliches" es muy baja, siendo muy poco probable que originen roturas.

La presión ejercida por la expansión de las partículas es proporcional al cuadrado de su radio. De esta forma, una partícula de 4 mm de radio producirá un efecto 16 veces mayor que otra de 1 mm.

La resistencia mecánica de la pieza es un factor fundamental para definir la vulnerabilidad de los productos de arcilla cocida a la acción destructiva de los caliches. Así, un mismo tamaño de grano de caliche puede producir desconchados en una pieza de baja resistencia mecánica y no producirla en otra de mayor resistencia.

La acción destructiva de los desconchados por los granos de hidróxido cálcico es más probable si la hidratación se produce por vapor de agua. Cuando la hidratación del óxido cálcico se produce con agua líquida, la masa plástica de hidróxido cálcico formada puede disgregarse parcialmente y fluir por la red capilar del material cerámico sin producir roturas.

Nota

El principal problema de este defecto es que no se aprecia inmediatamente. En función de la humedad ambiente, pueden pasar días, semanas o incluso meses hasta su aparición.

En el transcurso de los meses de verano, en los que el aire contiene mayor cantidad de vapor y la temperatura es más elevada (lo que favorece la velocidad de reacción), además de ser menos probable la presencia de agua en fase líquida, el defecto suele aparecer con mayor rapidez que en tiempo frío y lluvioso.

Para minimizar los desconchados por caliches los fabricantes de ladrillos cuentan con medios durante el proceso de fabricación de las piezas, como son una molienda más fina, la regulación correcta de la temperatura de cocción y la inmersión del material en agua a la salida del horno.

2.3. Heladicidad

La durabilidad de los ladrillos cerámicos es una de sus características más importantes ya que existen pocos materiales que soporten el paso del tiempo tan favorablemente y con tan poco mantenimiento.

Es cierto que existen también casos de edificaciones actuales en los que sus fachadas han sufrido una importante degradación debido a la acción de los agentes atmosféricos y, particularmente, de las heladas.

La acción de las heladas se debe al aumento de volumen (un 9 % aproximadamente) producido al pasar a estado sólido el agua existente en el interior del material. El hielo produce importantes tensiones internas que solo pueden ser soportadas por los materiales cerámicos cuya estructura interna y resistencia sean adecuadas.

En zonas de costa, con influencia directa de atmosfera salina, pueden depositarse sales sobre fachadas y cubiertas con un efecto destructivo similar al del hielo, debido al aumento de volumen por la cristalización de las sales. Por esta razón, los ladrillos empleados en estas circunstancias deben ser no heladizos, aunque no exista este riesgo.

La estimación de la durabilidad de los ladrillos se realiza mediante ciclos de hielo-deshielo en probetas saturadas de agua. La norma UNE-EN 772-22:2021 establece el método de ensayo para ladrillos con la saturación de probetas inmersas en agua durante 48 horas y ciclos de hielo-deshielo:

a. En cámara manual, congelación (-15 ± 5 °C, 18 horas) y deshielo por inmersión en recipiente con agua (+15 ± 5 °C, 6 horas).
b. En cámaras de ensayo automáticas, los ciclos se pueden reducir a 5 horas de congelación y 1 de deshielo, siempre que a las 2 horas de iniciarse el periodo de congelación se alcancen los -8 ± 3 °C.

La aparición de desconchados o saltados de dimensión superior a 15 mm o exfoliaciones en alguna pieza de la muestra o la existencia de más de una pieza fisurada califica el ladrillo como heladizo.

En zonas con riesgo de helada o ambiente marino han de aportarse las siguientes medidas en el levantamiento de las fábricas de cara vista a fin de reducir o evitar esta patología:

- Usar siempre ladrillos no heladizos.
- Los daños por helada se producen al estar el ladrillo saturado. Por esto, debe impedirse que esta circunstancia se produzca evitando zonas de embalse, así como aporte excesivo de agua procedente de cubiertas, terrazas, etc.
- Rematar las coronaciones de muros con albardillas con goterones.
- Usar láminas antihumedad en arranque de muros e impermeabilizar el trasdós de muros en contacto con el terreno para evitar la saturación del ladrillo por capilaridad.
- Debe interrumpirse la ejecución en tiempo frío al ser muy sensible la capa de mortero y no serle efectiva la acción de anticongelantes. Si la fábrica está recientemente levantada y existiese la probabilidad de helada, esta deberá protegerse.
- Solo ladrillos con absorción de agua inferior al 6 % pueden usarse con garantía en zonas con máximo riesgo, como pavimentos, jardineras, etc.

Por todo lo descrito, el ensayo de heladicidad junto a la resistencia a flexión y compresión de las piezas definirán perfectamente el comportamiento futuro del ladrillo.

2.4. Permeabilidad

Cuando la superficie exterior de un cerramiento se moja por acción del agua de lluvia, la humedad tiende a desplazarse hacia las zonas secas. Si la humedad llega a la cara interior del muro, creará problemas bien conocidos como el deterioro del revestimiento interior y un ambiente insano en la estancia por exceso de humedad relativa.

En los muros de doble hoja ha de tenerse especial cuidado en las llaves que unen ambas caras del muro, siendo la cámara de aire uno de los lugares más propensos a la creación de condensaciones. La existencia de un buen aislante térmico puede reducir considerablemente su acción.

Hoy día la construcción es mucho más ligera que en la antigüedad y se han perdido las tradicionales técnicas de buena ejecución, además de que se han reducido espesores. No obstante, la aparición de manchas de humedad en el interior de una pared puede tener diversas razones, sobre todo las relacionadas con los encuentros con otros elementos, como carpinterías o elementos estructurales.

La principal recomendación que se puede realizar para el levantado de fábricas de cara vista con el fin de evitar problemas de humedad por la permeabilidad del ladrillo es la de humedecer, previamente a su colocación, todos los ladrillos con succión superior a 0,10 g/cm^2 min. Este humedecimiento ha de ser suficiente para bajar la succión por debajo de esa cifra máxima y uniforme para evitar succiones diferenciales que imposibilitarían la elección del mortero adecuado. Es necesario extremar estos cuidados si la llaga es muy estrecha, ya que se aumenta la influencia de este factor.

Se ha de cuidar la ejecución de las llagas, evitando que puedan quedar espacios sin rellenar, cosa frecuente especialmente en las llagas verticales.

En paramentos expuestos y situados en zonas donde sean previsibles periodos prolongados de lluvia, se tenderá a utilizar ladrillos de moderada o baja succión/absorción de agua, cuidando además su puesta en obra.

La utilización de ladrillos dotados de muesca semicircular en la testa mejora el comportamiento de las juntas verticales en ladrillos fabricados por extrusión. Para ladrillos prensados se amplían las ventajas a la junta horizontal empleando ladrillos con **cazoleta continua** y muescas en sus testas.

Consejo

El repaso de las juntas de mortero con el llaguero mejora el comportamiento de las mismas, además del aspecto estético de la fachada.

2.5. Expansión por humedad

Puede definirse como la característica que tienen los productos cerámicos de aumentar mínimamente sus dimensiones, como consecuencia de la fijación de agua procedente de la humedad ambiente. Esta característica no es específica de la cerámica, ya que existen otros materiales en construcción cuya estabilidad dimensional depende en gran medida de su contenido de humedad. Son de sobra conocidas la influencia de la humedad en obras ejecutadas con yeso, las variaciones en la retracción de hormigones y los cambios dimensionales de la madera.

La expansión por humedad en los materiales cerámicos empleados en las fábricas de cara vista depende de varios factores, entre los que se destacan:

- El tipo de arcilla.
- La temperatura de cocción.
- El tiempo desde la cocción hasta la puesta en obra.
- La humedad.

En los casos en los que se ha podido estudiar patologías en muros motivadas por la expansión por humedad, han coincidido los siguientes factores:

- La materia prima tenía gran proporción de caolinita.
- La cocción de la pieza era defectuosa.
- La puesta en obra se realizaba inmediatamente después de fabricarse el ladrillo.
- No existía posibilidad de absorber el aumento dimensional, por no haberse previsto juntas de dilatación adecuadas o por ser piezas con movimiento coaccionado por elementos estructurales.
- La puesta en obra se hacía sin humedecer previamente el material y en periodos de tiempo seco.

Como conclusión de lo expuesto, y con el objeto de evitar problemas causados por la expansión por humedad, se recomiendan las siguientes precauciones:

- Conocer los valores de expansión por humedad del ladrillo que se va a emplear.

- Colocar ladrillos que lleven al menos fabricados una semana si el valor de su expansión es alto.
- Mantener húmedos los ladrillos hasta su puesta en obra.
- Disponer juntas de dilatación a distancias adecuadas (25 m para climas marítimos y 20 para climas continentales).

Aplicación práctica

Acaba de finalizarse el cerramiento de ladrillo de una vivienda a cara vista en la que usted ha actuado como encargado de obra. En la visita de obra de la dirección facultativa se observan en algunas zonas de la fábrica que han aparecido manchas blanquecinas que desfiguran el aspecto de la fábrica.

La dirección facultativa le consulta la manera de actuar puesto que en sus cortos años de experiencia no se les ha dado nunca el caso.

SOLUCIÓN

- Lo primero que se debe hacer es dejar secar perfectamente los paramentos antes de cualquier actuación.
- Una vez seca la fábrica, se aconseja un cepillado leve de la zona manchada y lavado con agua limpia.
- En casos extremos se utilizarán pequeñas cantidades de ácido, regando antes y después la fábrica con agua limpia.

3. Resumen

En el capítulo que concluye se han definido las patologías más importantes aparecidas en las fábricas de ladrillo a cara vista, dando una idea de su origen y generando fórmulas a seguir durante la ejecución en obra con el fin de evitar los daños producidos por las mismas.

Así, las eflorescencias son manchas producidas por la cristalización de sales solubles en la superficie del ladrillo.

Los desconchados son provocados por pequeños granos de óxido cálcico existentes en las piezas cerámicas de arcilla cocida.

El hielo produce importantes tensiones internas que solo pueden ser soportadas por los materiales cerámicos cuya estructura interna y resistencia sean adecuadas.

Cuando la superficie exterior de un cerramiento se moja por acción del agua de lluvia, la humedad tiende a desplazarse hacia las zonas secas, produciendo la llamada permeabilidad.

La expansión por humedad es la característica que tienen los productos cerámicos de aumentar mínimamente sus dimensiones como consecuencia de la fijación de agua procedente de la humedad ambiente.

Ejercicios de repaso y autoevaluación

1. **Indique si la siguiente afirmación es verdadera o falsa.**

   Las eflorescencias son manchas producidas por la cristalización de sales solubles en la superficie del ladrillo.

   ☐ Verdadero
   ☐ Falso

2. **La presión ejercida por la expansión de los granos de óxido cálcico que ocasionan los desconchados es:**

   a. El doble de su radio.
   b. Proporcional al cuadrado de su radio.
   c. La mitad de su radio.
   d. Ninguna de las opciones es correcta.

3. **¿Qué porcentaje aproximadamente aumenta el volumen de las piezas cerámicas debido a la acción de las heladas?**

   a. 9 %.
   b. 90 %.
   c. 30 %.
   d. 17 %.

4. **Indique si la siguiente afirmación es verdadera o falsa. En el caso de ser falsa, escriba la afirmación correcta.**

   Las humedades al llegar a la cara interior de un muro crean problemas en el revestimiento interior aunque crean un ambiente sano.

   ☐ Verdadero
   ☐ Falso

5. **La expansión por humedad en los materiales cerámicos empleados en las fábricas de cara vista depende de varios factores. Indique cuál de los siguientes no es uno de ellos:**

    a. El tipo de arcilla.
    b. La temperatura de cocción.
    c. El tiempo desde la cocción hasta la puesta en obra.
    d. La temperatura del ambiente exterior.

Capítulo 8

Procesos y condiciones de ejecución de fábricas vistas

Contenido

1. Introducción

Para la correcta ejecución de una fábrica de ladrillo a cara vista tendremos que enlazar diversas tareas, que irán desde la adquisición de los materiales, por ejemplo, hasta la limpieza final del elemento terminado, pasando por distintos procesos importantes en toda buena construcción.

En este capítulo, se determinarán cada una de estas tareas dando pautas para una buena realización de las mismas.

2. Procesos y condiciones de ejecución de fábricas vistas

En el siguiente apartado vamos a tratar todas las fases que se han de realizar durante el correcto levantamiento de una fábrica cara vista, desde la recepción del material empleado, pasando por los distintos períodos de ejecución y hasta la limpieza final de esta.

2.1. Suministro

En la recepción y almacenamiento de los materiales que se utilicen en la construcción de fábricas a cara vista, tanto el material cerámico como los cementos, cales, yesos, arenas, aguas y aditivos empleados en la fabricación los morteros deben de satisfacerse las condiciones que la normativa vigente especifica, así como las actuaciones que la buena práctica constructiva aconseja.

Igualmente, deben observarse tales condiciones en el amasado de los morteros, en sus tiempos de utilización y en las recomendaciones de uso de los mismos.

Los ladrillos suministrados bajo el amparo de un sello INCE simplifican las actuaciones a realizar por la dirección de obra durante la recepción de los mismos. Se comprobará únicamente el fabricante, tipo y clase de ladrillo, resistencia a compresión en kp/cm^2, dimensiones nominales y sello INCE, datos que deberán figurar en el albarán de suministro y, en su caso, en el empaquetado de los ladrillos.

Nota

Lo mismo se comprobará cuando los ladrillos suministrados procedan de Estados miembros de la Unión Europea, con especificaciones técnicas definidas, que garanticen los objetivos de seguridad equivalentes a los proporcionados por el sello INCE.

En el caso de bloques de hormigón, cuando estos estén amparados por un sello de calidad oficialmente reconocido por la Administración pública, la dirección de obra podrá simplificar también el proceso de control de recepción hasta llegar a reducir el mismo a simplemente comprobar que los bloques se reciben en perfecto estado.

El control de recepción en obra de los morteros debe ajustarse a las distintas posibilidades de su fabricación. Por ejemplo:

- **Morteros fabricados "in situ":** al no disponer del marcado CE, será obligatorio realizar el control de producción de los morteros "in situ", el cual conlleva el control de recepción de los componentes del mortero: cementos, cales (en su caso), áridos y su agua. Se verificará, por tanto, el marcado CE de cementos, cales y áridos.
- **Morteros industriales secos:** la posesión del marcado CE por parte de estos morteros es obligatoria. En el caso de morteros industriales secos, la dirección facultativa de la obra podrá dispensar de la realización de los ensayos del control de recepción. En el caso de morteros industriales secos en posesión de un distintivo de calidad de carácter voluntario oficialmente reconocido, la dirección facultativa de la obra podrá dispensar de la realización de los ensayos del control de recepción establecidos en normativa.

La recepción del mortero se llevará a cabo por la dirección facultativa de la obra, o persona en quien delegue. En el acto de recepción deberán estar presentes representantes del suministrador (fabricante o vendedor) y del cliente o personas en quienes estos deleguen por escrito.

2.2. Preparación y humectación de piezas

En la preparación del tajo de obra, una vez terminada la estructura, se limpiará, caso de ser necesario, la superficie de apoyo de la fábrica. A continuación, se marcará la posición de los cercos de los huecos y se situarán. Por último, correremos los niveles en la planta.

Para la correcta ejecución de las fábricas es fundamental que en dicho proceso el ladrillo no altere la cantidad de agua de amasado, y con ello la consistencia y plasticidad que posee el mortero o pasta que se esté empleando.

Por ello, en general, los ladrillos se humedecerán por aspersión regándolos abundantemente en el rejal hasta el momento de su empleo, o por inmersión durante unos minutos y apilándolos después de sacarlos hasta que no goteen.

Además, tras cualquier interrupción de los trabajos que haya posibilitado el secado de los ladrillos ya colocados en la fábrica levantada, se humedecerán estos convenientemente justo antes de continuar con la ejecución de la fábrica.

Nota

Una inexistente, o deficiente, humectación del ladrillo provoca la succión por este del agua de amasado, con la consiguiente pérdida de resistencia del mortero y de adherencia al ladrillo.

En los cerramientos exteriores se sacarán planos y, de ser necesario, se recortarán voladizos.

En fábricas a cara vista de piedras de labra trabajada en cantera, las aristas de los bloques de piedra deberán protegerse para que no se desportillen durante el transporte.

2.3. Replanteo en planta y alzado

Toda obra de construcción ha de llevarse a cabo con sujeción al proyecto de ejecución y a las modificaciones de este autorizadas por el director de obra, previa conformidad del promotor, a la legislación aplicable, a las normas de la buena práctica constructiva y a las instrucciones del director de obra y del director de la ejecución de la obra.

Por tanto, antes de iniciarse el replanteo tanto en planta como en alzado de una fábrica a cara vista, habrá que comprobar que se dispone de la documentación gráfica correspondiente convenientemente actualizada. Es práctica habitual de la dirección facultativa, fruto del carácter vivo de un proyecto de construcción, modificar los planos del proyecto conforme este va avanzando en su ejecución.

Una vez recopilados todos los planos necesarios, tanto los acotados como los alzados, se procederá al inicio del replanteo empleando para el mismo algunos utensilios auxiliares como cinta métrica, cordeles, lápices, niveles, reglas, plomadas, escuadras, niveles de agua, etc.

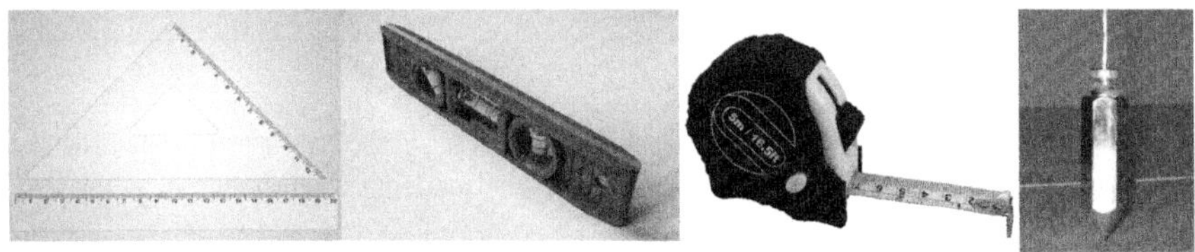

Utensilios empleados en replanteos

El primer paso a realizar será el de nivelar el plano de arranque teniendo en cuenta el nivel final de solado. Una vez ejecutada esta acción, se realizará el trazado en planta del muro o paramento considerando los huecos existentes en los mismos.

2.4. Reparto en seco

Tras la realización del replanteo, y fundamentalmente en las fábricas a cara vista, se realizará un reparto en seco de la primera hilada situando el operario las piezas de la fábrica (ladrillos o bloques) separadas por un escantillón que haga las veces de llaga.

Para la realización de este primer reparto en seco ha de conocerse perfectamente el aparejo que se llevará a cabo en el levantado de la fábrica, ya que lo condiciona considerablemente.

A la finalización del reparto en seco de la primera hilada de la fábrica a cara vista replanteada, se podrá comprobar la existencia, o no, de falta o exceso de medidas a fin de que puedan situarse piezas enteras o medias que faciliten la ejecución de las hiladas venideras. Cualquier diferencia existente es fácilmente solucionable en el arranque de una fábrica a cara vista pero no tiene solución alguna con algunas hiladas levantadas, solo la demolición de las mismas.

Cualquier diferencia de medida puede repartirse entre las distintas llagas replanteadas por partes iguales de manera que no pueda ser apreciada a simple vista.

2.5. Colocación

Los ladrillos se colocarán siempre a restregón. Para ello, se extenderá sobre el asiento, o la última hilada, una tortada de mortero en cantidad suficiente para que tendel y llaga resulten de las dimensiones especificadas, y se igualará con la paleta.

Se colocará el ladrillo sobre la tortada, a una distancia horizontal al ladrillo contiguo de la misma hilada, anteriormente colocado, aproximadamente el doble del espesor de la llaga. Se apretará verticalmente el ladrillo y se restregará, acercándolo al ladrillo contiguo ya colocado, hasta que el mortero rebose por la llaga y el tendel, quitando con la paleta los excesos de mortero.

Consejo

No se moverá ningún ladrillo después de efectuada la operación de restregón. Si fuera necesario corregir la posición de un ladrillo, se quitará, retirando también el mortero.

El procedimiento de hilada sobre tendel consiste en extender sobre el asiento, o última hilada, y en longitud considerable, una tortada de mortero en cantidad suficiente para el tendel. Sobre ella se colocan los ladrillos, separándolos el espesor de la llaga, y se asienta en su posición. Posteriormente, se rellenan las llagas verticales. Este método, por su rapidez, es el preferido por los albañiles cuando se trata de muros de uno o más pies, pero tiene el grave inconveniente de poder dejar llagas sin cuajar y mal compactadas con una fuerte merma en la calidad del muro.

En la ejecución de fábricas a cara vista, las piezas a colocar, tanto ladrillos como bloques, se humedecerán de tal forma que, en el momento de la colocación, no ofrezcan succión capaz de hacer variar sensiblemente la consistencia del mortero al quedar en contacto con ellas. A excepción de los ladrillos de baja succión, klinkerizados, gresificados e hidrofugados, los cuales deben colocarse secos, sin humectación previa.

En general, tanto los tendeles como las llagas deben rellenarse de mortero completamente, es decir, macizadas en todo el espesor del muro. Solo en aquellos casos en los que se quieran evitar puentes térmicos convendrá que las juntas sean discontinuas en el espesor de la fábrica, quedando macizadas en dos cordones longitudinales paralelos a las caras, y dejando una cámara de aire intermedia.

Una vez colocada una pieza no podrá ser movida. Si fuese necesario corregir la posición de alguna de ellas, se realizará retirando de forma simultánea el mortero.

Importante

Hay que evitar en todo momento los golpes o movimientos de la fábrica, ya que si se rompiese la unión entre las piezas contiguas, el mortero perdería la adherencia.

Las fábricas han de levantarse, siempre que sea posible, por hiladas horizontales en toda la extensión de la obra. Cuando dos partes de una fábrica hayan de levantarse en épocas distintas, la que se ejecute primero se dejará escalonada. Si esto no fuera posible, se dejará formando alternativamente entrantes (adarajas) y salientes (endejas).

La forma y aspecto de las juntas entre ladrillos se obtendrán mediante el llagueado de la misma. Esta operación se realiza cuando se está ejecutando la fábrica y antes de que se haya fraguado el mortero.

En el levantamiento de fábricas a cara vista deberemos tener algunas recomendaciones adicionales que indicamos a continuación:

- Se debe utilizar siempre mortero hidrófugo, a fin de reducir la existencia de humedades, con los consiguientes problemas añadidos.
- Si se trabaja con ladrillos de baja succión, tipo klinker o hidrofugados, estos apenas influyen en el contenido de agua del mortero. Es por ello que el mortero debe tener únicamente la cantidad de agua necesaria para su correcta hidratación. Todo exceso de agua que se produzca durante el amasado del mortero va a influir, al margen de un aumento, en la relación agua/cemento, en el posible ensuciamiento de la fachada al rebosar sobre la cara vista del ladrillo.
- La operación de llagueado debe hacerse siguiendo a lo largo de toda la obra el mismo criterio que ha de tenerse respecto al endurecimiento del mortero en el momento de realizarse; de no ser así, pueden aparecer zonas más claras, donde el mortero estaba mas fresco en el momento

de ser llagueado y otras zonas más oscuras, en las que el mortero se encontraba más endurecido.

- En cualquier caso, conviene seguir las recomendaciones del fabricante del ladrillo para la colocación del mismo.

Consejo

Es práctica aconsejable, por ejemplo, mezclar el material de diferentes palés, a fin de asegurar cierta tonalidad en el paramento.

2.6. Relleno de juntas

El mortero debe llenar las juntas, tendel y llagas, totalmente. Si después de restregar el ladrillo no quedara alguna junta totalmente llena, se añadiría el mortero necesario y se apretará con la paleta.

Las llagas y tendeles tendrán en todo el grueso, y altura, del muro el espesor especificado en el proyecto. En las fábricas vistas se realizará el rejuntado de acuerdo con las especificaciones del proyecto.

Antes de que termine el proceso de endurecimiento del mortero, deberá procederse al rejuntado. Este se hará presionando con el llaguero lo suficiente para que el mortero se adhiera a las piezas de ambos lados de las juntas. De esta forma, el rejuntado ayudará a cerrar las grietas que hubiesen quedado entre el mortero de juntas.

Podrá prescindirse del llagueado de juntas cuando la fábrica haya de ir enfoscada o revestida exteriormente.

Si por alguna razón fuese preciso repasar alguna junta después de que el mortero hubiese endurecido, se recurrirá al **retundido.** Esta operación consiste en la extracción del mortero de las llagas o tendeles, hasta una profundidad superior a 1 cm, reemplazándolo por otro mortero fresco, de forma que todas las juntas queden uniformes y bien recortadas.

2.7. Enjarje

Cuando los muros hayan de levantarse en momentos distintos, el que se ejecute primero se dejará escalonado. Si no fuera posible, se dejará formando alternativamente entrantes, **adarajas,** y salientes, **endejas.**

Definición

Adaraja
Es cada uno de los salientes que se forman en la interrupción lateral de un muro para su trabazón al proseguirlo.

Endeja
Es cada uno de los entrantes que se forman en la interrupción lateral de un muro para su trabazón al proseguirlo.

No obstante, ha de hacerse constar que el empleo de enjarjes plantea serias dificultades para el correcto relleno de las juntas al enlazar la fábrica, y que, por desigualdades de asiento, pueden aparecer roturas locales.

2.8. Protección contra lluvia, helada y calor

Las fábricas, durante su ejecución, requieren, según el caso, de las siguientes protecciones:

Protección contra la lluvia

Cuando se prevean fuertes lluvias, se protegerán las partes recientemente ejecutadas con láminas de material plástico u otros medios, a fin de evitar la erosión de las juntas de mortero.

La fábrica se debe proteger de la lluvia con plásticos, sobre todo en la parte superior, evitando así que se arrastren los finos del mortero, lo cual reduciría sus propiedades físicas. Además, la lluvia puede disolver las sales y otras sustancias, favoreciendo la aparición de eflorescencias, caliches y manchas.

Protección contra las heladas

Si ha helado antes de iniciar la jornada, no se reanudará el trabajo sin haber revisado escrupulosamente lo ejecutado en las 48 horas anteriores, y se demolerán las partes dañadas.

Si hiela cuando es hora de empezar la jornada o durante esta, se suspenderá el trabajo. En ambos casos, se protegerán las partes de las fábricas recientemente construidas.

Si se prevé que helará durante toda la noche siguiente a una jornada, se tomarán análogas precauciones.

En el momento de proceder a la puesta en obra del mortero, la temperatura no será inferior a 5 °C ni tampoco superior a 30 °C.

En general, se suspenderá la puesta en obra de los morteros siempre que se prevea que, dentro de las 48 horas siguientes, la temperatura ambiente pueda descender por debajo de 0 °C.

En aquellos casos en los que, por absoluta necesidad, se tenga que poner en obra un mortero en tiempo de heladas, se adoptarán las medidas necesarias para garantizar que, durante el fraguado y el primer endurecimiento del mortero, no se produzcan deterioros locales ni mermas permanentes apreciables en las características del material.

Nota

En caso de daño, se obrará adoptando las medidas oportunas.

El empleo de aditivos anticongelantes requerirá una autorización expresa, en cada caso, de la dirección facultativa de la obra. Nunca podrán utilizarse aditivos susceptibles de atacar a las posibles armaduras y, de un modo especial, aquellos aditivos que contienen cloruros.

Protección contra el calor

En tiempo extremadamente seco y caluroso se mantendrá húmeda la fábrica recientemente ejecutada, a fin de que no se produzca una fuerte y rápida evaporación del agua del mortero, la cual alteraría el normal proceso de fraguado y endurecimiento de este.

Se hace preciso recordar que la resistencia de los morteros y sus retracciones (causa, esta última, de fisuras en la fábrica) dependen en gran medida del correcto proceso de su curado, recomendándose para ello el adecuado humedecimiento de la fábrica durante los siete días siguientes a su ejecución.

Cuando la puesta en obra de los morteros se efectúe en tiempo caluroso, se adoptarán las medidas oportunas para evitar la evaporación del agua de amasado y para reducir la masa.

Se recomienda que los paramentos destinados a recibir el mortero estén protegidos del soleamiento. La fábrica recién construida, se mantendrá húmeda (por ejemplo, mediante riego directo) cuando la humedad relativa del aire sea baja o la temperatura ambiente alta y/o cuando existan vientos fuertes.

En tiempo seco se deben hacer riegos frecuentes del paramento para evitar así la desecación del mortero.

Una vez efectuada la colocación del mortero, se protegerá del sol y especialmente del viento para evitar la posible pérdida de agua, para que el proceso de hidratación y endurecimiento del cemento no sufra alteraciones y con objeto de evitar figuraciones por retracción o bajas resistencias del mortero.

Si la temperatura ambiente es superior a 30 °C o hay un viento excesivo, se suspenderá la puesta en obra de los morteros, salvo que se adopten medidas especiales.

Durante el fraguado y el primer endurecimiento del mortero puesto en obra, deberá asegurarse el mantenimiento de la humedad del mismo mediante un adecuado curado. Este curado se debe prolongar el plazo de tiempo necesario, en función del tipo y clase de conglomerante utilizado en la fabricación del mortero, del grado de humedad del ambiente, etc.

El curado podrá realizarse, manteniendo húmedas las superficies de los morteros mediante riego directo. Se deben tomar las precauciones necesarias para evitar un posible deslavado del mortero.

Consejo

El agua que se utilice para estos fines no debe contener sustancias nocivas para el mortero.

El curado por aportación de humedad podrá sustituirse con la protección de las superficies de los morteros por medio de recubrimientos plásticos o por otros tratamientos adecuados, siempre que tales métodos ofrezcan las garantías necesarias para conseguir, durante el primer periodo de endurecimiento, la retención de la humedad inicial de la masa.

2.9. Arriostramiento durante la construcción

Durante la construcción de los muros, y mientras estos no hayan sido estabilizados, según sea el caso, mediante la colocación de la viguería, de las cerchas, de la ejecución de los forjados, etc., se tomarán las precauciones necesarias para que, si sobrevienen fuertes vientos, no puedan ser volcados. Para ello, se arriostrarán los muros a los andamios, si la estructura de estos lo permite, o bien se apuntalarán con tablones cuyos extremos estén bien asegurados.

Definición

Arriostramiento

Es la acción de rigidizar o estabilizar una estructura mediante el uso de elementos que impidan el desplazamiento o deformación de la misma.

La altura del muro a partir de la cual hay que prever la posibilidad de vuelco dependerá del espesor de aquel, de la clase y dosificación del conglomerante empleado en el mortero, del número, disposición y dimensiones de los huecos que tenga el muro, de la distancia entre otros muros transversales que traben al considerado, etc.

Las precauciones indicadas se tomarán ineludiblemente al terminar cada jornada de trabajo, por apacible que se muestre el tiempo.

Cuando el viento sea superior a 50 km/h, los trabajos de levantado de las fábricas se suspenderán y se asegurarán las fábricas de ladrillo mediante entablonados y apuntalados.

2.10. Limpieza

Los muros deben mantenerse limpios durante su construcción. Esto es especialmente relevante cuando se trata de paramentos vistos.

Para ello, una vez se haya procedido al rejuntado y/o retundido de la fábrica, debe efectuarse la limpieza general del paramento para que este presente un aspecto agradable, limpio y ordenado, con sus juntas terminadas, sin rebabas ni imperfecciones y con la debida homogeneidad.

Las labores de limpieza de la fábrica se deben realizar al final de la obra y con la fábrica completamente seca.

Para las labores de limpieza a realizar en las fábricas cara vista, debemos de tener en consideración las siguientes cuestiones:

- Para eliminar los restos de mortero no se utilizarán estropajos ni esponjas húmedas.
- Se humedecerá la zona a limpiar con agua y se aplicará un producto limpiador específico para cara vista.
- Realizar un cepillado enérgico en la dirección de los tendeles. Aclarar con la cantidad de agua necesaria y suficiente para arrastrar sales disueltas.
- Las operaciones de limpieza y aclarado, se realizarán simultáneamente y sin demora entre ambas, con el fin de evitar que el ácido continúe actuando sobre la fábrica.
- En caso de emplear ácido nítrico para la limpieza, se debe tener en cuenta que puede llegar a oxidar algunos tipos de ladrillos cambiando su color.
- Para la limpieza de las eflorescencias, debe intentarse su eliminación preliminar en seco mediante cepillado, ya que en muchos casos, con esta simple operación, puede ser suficiente para eliminarlas.
- Cuando se emplee el chorro de agua a presión, debe realizarse una prueba para comprobar que no se daña la junta de mortero.
- Antes de comenzar todas las labores de limpieza se deben proteger todos los elementos de la fachada que puedan sufrir algún deterioro.
- La limpieza se efectuará comenzando por la parte superior de la fachada, con objeto de evitar el ensuciamiento de las zonas ya tratadas.

Aplicación práctica

Como encargado de obra, debe dejar definido a un oficial el tajo a realizar. El elemento en cuestión tiene alguna dificultad, por lo que quiere comprobar el tajo antes de comenzar a colocar piezas.

Indique las tareas que debe indicarle a su oficial y en el momento que debe volver a avisarle para continuar con la ejecución.

SOLUCIÓN

Lo primero que deberá realizar es la limpieza de la zona de apoyo de la fábrica.

Posteriormente se procederá al replanteo del elemento situando reglas telescópicas en esquinas, rincones y cambios de direcciones perfectamente aplomadas, también se situarán los premarcos de obra que vayan en el elemento y se correrá el nivel.

Se procederá a continuación al nivelado del plano de arranque de la fábrica, prestando especial atención a los huecos existentes.

Se realizará un reparto en seco de la primera hilada de la fábrica, siendo este el momento en el que el encargado deberá dar el visto bueno a estas tareas.

3. Resumen

Se ha dado en el capítulo que concluye un repaso por todas las tareas que se encadenan durante la ejecución de una fábrica a cara vista, definiéndolas y estableciendo patrones de conducta para una correcta realización de la misma.

Estas tareas son: suministro, preparación y humectación de piezas, replanteo en planta y alzado, reparto en seco, colocación, relleno de juntas, enjarje, protección contra lluvia, helada y calor, arriostramiento durante la construcción y limpieza.

Como verá, las tareas definidas no se reducen únicamente a las propias de la ejecución, sino que también se ha prestado especial atención a tareas de enjarje, protección o arriostramiento, únicamente necesarias en casos determinados.

Ejercicios de repaso y autoevaluación

1. Indique si la siguiente afirmación es verdadera o falsa. En el caso de ser falsa, escriba la afirmación correcta.

La dirección facultativa de la obra no podrá dispensar de la realización de los ensayos del control de recepción establecidos en normativa.

- ☐ Verdadero
- ☐ Falso

2. De los siguientes utensilios, indique cuál no es empleado en las labores de replanteo:

a. Nivel de agua.
b. Plomada.
c. Sierra circular.
d. Reglas telescópicas.

3. Indique la respuesta incorrecta. La colocación de los ladrillos deberá realizarse...

a. ... moviendo los ladrillos una vez realizada la operación de restregón.
b. ... extendiendo sobre la última hilada una tortada de mortero.
c. ... quitando con la paleta los excesos de mortero.
d. ... siempre a restregón.

4. Indique, de las siguientes recomendaciones, cuál no debe realizarse en el levantamiento de fábricas a cara vista:

a. Deben seguirse las instrucciones del fabricante de los ladrillos para su colocación.
b. Los ladrillos de baja succión, klinkerizados, gresificados e hidrofugados, deben colocarse humedecidos.
c. Debe emplearse siempre mortero hidrófugo.
d. El llagueado debe realizarse siguiendo el mismo criterio durante toda la obra.

5. En el momento de proceder a la puesta en obra del mortero para las fábricas a cara vista, la temperatura deberá estar entre...

a. ... 3 y 25 ºC.
b. ... 5 y 30 ºC.
c. ... 10 y 30 ºC.
d. ... 5 y 20 ºC.

Capítulo 9

Procesos y condiciones de calidad en fábricas vistas

Contenido

1. Introducción

Asegurar la calidad en la realización de las fábricas a cara vista es posible mediante el cumplimiento de unas condiciones mínimas en las características propias del paramento. La realización del mismo dentro de unos límites preestablecidos asegurará los requisitos de calidad pretendidos.

Para el control de la calidad en la ejecución de las fábricas a cara vista deberán realizarse una serie de actuaciones encaminadas a la comprobación de que la obra terminada cumple con las características de calidad especificadas en el proyecto, que deberán ser las generales del Código Técnico de la Edificación, más las especificadas en el Pliego de Prescripciones Técnicas particulares.

2. Procesos y condiciones de calidad en fábricas vistas

Tanto el director de obra como el director de la ejecución de la obra realizarán, según sus respectivas competencias, los siguientes controles:

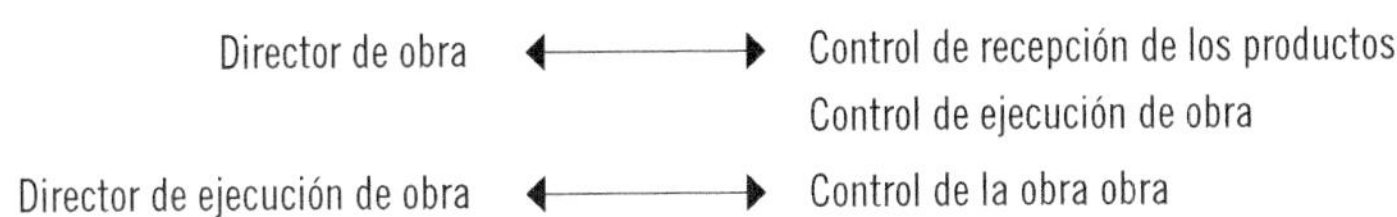

A continuación, repasaremos las tareas a realizar durante el levantamiento de una fábrica de cara vista estableciendo pautas para un correcto control de las mismas.

2.1. Replanteo

El replanteo de las fábricas a cara vista es uno de los factores determinantes para una correcta puesta en obra de las mismas.

Nota

Antes del inicio de un replanteo hay que comprobar que se tiene todo el material de replanteo y la información suficiente para definir el mismo.

Normalmente, los trabajos de albañilería se realizan una vez se haya ejecutado la estructura general del edificio (pilares, vigas, forjados, etc.) por lo que se dispone de una serie de puntos invariables que nos servirán de referencia para un correcto replanteo, de punto de partida para el mismo y de comprobación de la correcta ejecución.

Será durante el replanteo la fase en la que tendremos que adoptar decisiones a la hora de ajustar las medidas de la manera más acorde a los planos de proyecto.

La primera comprobación a realizar es la de contrastar las medidas reales una vez ejecutada la estructura de la edificación y las medidas indicadas en el proyecto.

Una vez realizada esta primera operación, y ajustadas las medidas con la realidad, se debe marcar el trazado en planta de la fábrica a realizar. Para esta acción nos ayudaremos de pasta de cemento o de yeso sobre las que tiraremos las líneas de trazado de las fábricas.

En el control a realizar, en los tabiques de fábrica de ladrillo, la tolerancia admisible como error en el replanteo no debe ser superior a ± 2 cm, no siendo acumulativos. En las fábricas de cerramiento no se permitirán errores entre ejes parciales mayores de ± 10 mm o entre los ejes extremos, mayores de ± 20 mm.

2.2. Aparejo

La apariencia estética de la fábrica a cara vista dependerá, entre otros rasgos, del aparejo utilizado.

Definimos a continuación los aparejos más empleados en las fábricas de albañilería a cara vista:

1. **Aparejo a lo largo, o de soga:** consiste básicamente en colocar los ladrillos uno sobre otro de forma paralela a la línea de la pared que vamos a construir, es decir, a lo largo de esta. El grosor de la pared resultante será el correspondiente al ancho de un ladrillo. El aparejo a lo largo puede ser perfectamente válido para construir una sencilla y barata tapia de no demasiadas hiladas de altura, pero para construcciones más complejas, o que requieran más resistencia, puede no ser adecuado. También se utiliza en fachadas de obra vista.
2. **Aparejo a lo ancho, a través, o de tizón:** en esta disposición, los ladrillos se colocan perpendiculares a la línea del muro. El grosor del muro resultante corresponde a la longitud de un ladrillo, por lo que el muro resultante será de mayor resistencia que en el caso anterior. Por otro lado, será necesario un mayor número de ladrillos para finalizar el muro, es decir, será más caro. Se suelen usar para muros de carga, portantes.
3. **Aparejo con ladrillos alternos, o aparejo inglés:** los ladrillos se colocan alternando hiladas de cada uno de los dos aparejos anteriores. El ancho del muro corresponderá también a la longitud de un ladrillo, pero su aspecto será menos regular; estéticamente resultan más interesantes.
4. **Aparejo panderete:** muy similar al primer caso pero colocando los ladrillos de lado de forma que el grosor de la pared corresponde al grosor de un ladrillo. Se utiliza fundamentalmente en tabiques, pues no está preparado para resistir grandes cargas más allá de su propio peso.

Como hemos indicado, los aparejos reseñados quizás sean los más empleados en las fábricas de ladrillo, existiendo variantes de los mismos, como son: el aparejo inglés antiguo, el belga o inglés en cruz, el flamenco, el holandés, el americano, etc.

Detalle de aparejo flamenco

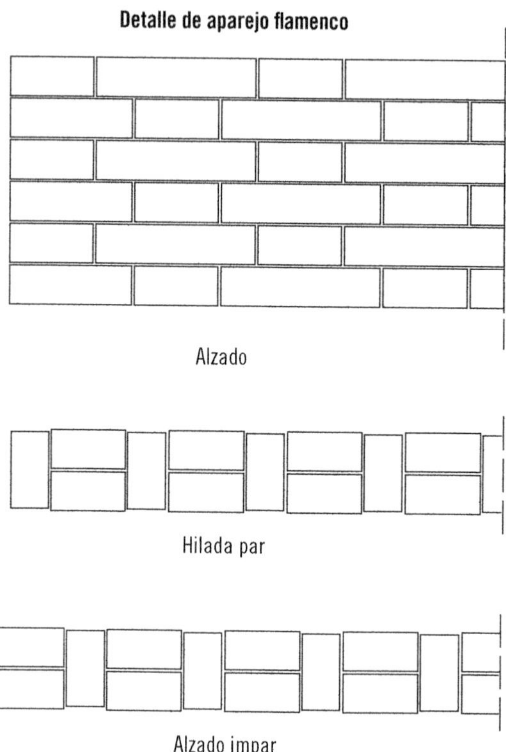

2.3. Planeidad

La correcta planeidad de un paramento es una condición indispensable en una buena ejecución, por un lado, por razones simplemente estéticas, y por otro, por razones mecánicas.

La primera de las razones es obvia ya que un paramento que no cumpla con los parámetros de planeidad ofrece un aspecto antiestético y deslucido, sobre todo en fábricas a cara vista.

La segunda razón aportada de la importancia de la planeidad de un paramento estriba en las condiciones mecánicas del mismo, ya que una deficiente planeidad puede originar excentricidades no recogidas en los cálculos estructurales de la edificación, pudiendo incluso llegar al colapso de la estructura.

El Código Técnico de la Edificación, en su documento básico de seguridad estructural en fábricas CTE-DB-SE-F, concretamente en la tabla 8.2, establece unas tolerancias mínimas en mm de cumplimiento para el control de la ejecución de elementos de fábrica en el caso de que el proyecto de construcción no establezca otros más restrictivos.

A continuación, reflejamos dichos valores:

Tolerancias para elementos de fábrica

	Posición	**Tolerancia, en mm**
Desplome	En la altura del piso En la altura total del edificio	20 50
Axialidad		20
Planeidad (1)	En 1 metro En 10 metros	5 20
Espesor	De la hoja del muro(2) Del muro capuchino completo	± 25 + 10

(1) La planeidad se mide a partir de una línea recta que une dos puntos cualesquiera del elemento de fábrica.

(2) Excluyendo el caso en que el espesor de la hoja está directamente vinculada a las tolerancias de fabricación de las piezas (en fábricas a soga o a tizón). Puede llegar al +5 % del espesor de la hoja.

La planeidad la mediremos apoyando una regla de un metro sobre el paramento para comprobar que la separación no supera las tolerancias indicadas.

Si la planeidad no es la adecuada, se creará una capa de regularización hasta conseguir la planeidad deseada. Esta capa de regularización puede realizarse con el mismo mortero o con otro.

Si existen salientes o abultados excesivos, podrán eliminarse dando unos golpes con la alcotana (piqueta) o con el canto de la paleta, intentando obtener así una superficie del revestimiento lo más uniforme posible.

Nota

En fábricas de albañilería a cara vista, estas soluciones planteadas no son posibles llevarlas a cabo por la naturaleza de las mismas, así que para corregir dichas anomalías solo sería posible mediante su demolición y nuevo levantado.

2.4. Desplome

La tabla 8.2 del CTE-DB-SE-F, reflejada en el apartado anterior, establece también los actuales límites normativos para el control del desplome en la ejecución de las fábricas de albañilería.

La condición de plomada exigible a los paños está condicionada a la que previamente se haya impuesto a la estructura del edificio, admitiéndose la limitación de ±20 mm en el desplome admisible en cada planta y de ±50 mm en la altura total del edificio.

Conviene señalar que queda a criterio del proyectista el acumular o no dichas tolerancias a las de la estructura de la edificación, en función de las circunstancias de la obra, con objeto de no penalizar indebidamente a quienes han debido partir de un error previo a su propia actividad.

Consejo

Con la finalidad de controlar el desplome tanto de estructuras como de fábricas es frecuente el empleo de hilos atados a ladrillos en esquinas y salientes estratégicos de la edificación que puedan servir de referencia para la realización de las oportunas mediciones para su control.

2.5. Horizontalidad de las hiladas

La colocación de los ladrillos puede llevarse a cabo de diferentes formas en función de cómo vaya a ser el muro, y también de nuestros gustos personales. Podemos lograr efectos estéticos interesantes con las hiladas de ladrillos según el aparejo empleado en el levantamiento de la obra.

La horizontalidad de las diferentes hiladas de ladrillo es fundamental para una correcta ejecución. Para garantizarla, nos apoyaremos en las miras telescópicas dispuestas en esquinas y cambios de dirección y en los cercos de puertas y ventanas.

Tanto las miras como los cercos, con la ayuda de una plomada o de un nivel, deberán quedar perfectamente aplomados.

Durante la realización de la fábrica, se irá marcando en las miras, con la ayuda de un lápiz, el espesor de la hilada (ladrillo más junta). Una vez marcadas, se unirán las trazas de cada hilada en las miras que delimitan el paramento mediante un cordel. Esta línea será la que nos sirva de referencia durante el levantamiento de cada hilada.

No es conveniente realizar grandes tramos de fábrica en los que no se dispongan reglas de apoyo para el hilo de referencia, ya que provocaría que este combara produciendo errores durante el levantamiento de la fábrica de ladrillo.

Independientemente de la utilización del cordel de referencia, es necesario el empleo del nivel de burbuja para una correcta colocación de cada una de las piezas de ladrillo.

Conforme la fábrica se va levantando, el hilo lo iremos elevando para que siga realizando su función.

Consejo

En los cerramientos de ladrillo a cara vista no será permitida una variación superior a + 2 mm por cada metro de fábrica.

2.6. Espesor de juntas

El análisis desarrollado sobre las fábricas pétreas de las catedrales góticas revela que los maestros medievales utilizaron diferentes espesores de juntas de mortero en cada uno de sus elementos estructurales. Este hecho (no tenido en cuenta hasta la fecha) tiene una gran repercusión en el comportamiento estructural de la catedral, ya que influye directamente en sus parámetros fundamentales: deformabilidad y resistencia.

Dada la inexistencia de datos, se han realizado ensayos en laboratorio para establecer los posibles rangos de variabilidad de la deformabilidad de las fábricas medievales en función de la variabilidad del espesor del mortero de la junta en los diferentes elementos estructurales de las catedrales góticas españolas. Los resultados obtenidos demuestran que la junta de mortero es un factor determinante en el comportamiento estructural de la fábrica. El rango de variabilidad del módulo de deformación alcanzó en dichos ensayos valores de 169,7 a 5.632,7 N/mm^2 con juntas de 17,00 a 5,50 mm. Este patrón de comportamiento estructural debe ser incluido en los modelos estructurales mediante un análisis de sensibilidad paramétrica para conocer el comportamiento estructural de las catedrales góticas con mayor rigor.

Una vez aclarada la importancia del espesor de las juntas de mortero en la ejecución de las fábricas a cara vista, daremos unas pautas a seguir durante la ejecución.

Pautas a seguir

En la fase de replanteo, se determinará el espesor de la junta de mortero para la fábrica a cara vista, que debe ser constante en toda la fábrica.

El mortero que se utilice deberá cumplir con las exigencias normativas vigentes. Su color depende del color del cemento, arena, cal y pigmentos empleados, así como de las cantidades que se utilicen de los mismos para obtener la mezcla final. Es recomendable utilizar morteros preparados, para poder garantizar que durante el desarrollo de toda la obra se dispondrá de un mortero de características constantes.

Hay que exigir y controlar el correcto relleno con mortero de las juntas. Una ejecución deficiente provoca que en tiempo de lluvia el agua pueda penetrar hacia el intradós del muro cuando encuentre algún punto vulnerable, que generalmente suele ser una junta de mortero mal ejecutada, o un encuentro mal resuelto. Por este motivo, es muy importante la correcta ejecución de la junta vertical en todo el espesor de la fábrica, ya que la práctica habitual de tapar la junta solo por el exterior no asegura la impermeabilidad del paramento.

La granulometría del mortero que se desee emplear tendrá una relación directa con el espesor de la junta, de manera que:

- Junta < 5 mm. Tamaño máximo de árido, 2 mm.
- Junta 5-15 mm. Tamaño máximo de árido, 3 mm.
- Junta 15-20 mm. Tamaño máximo de árido, 5 mm.

Cuando se quieran utilizar llagas muy delgadas o aparentemente vacías, se tendrán en cuenta las tolerancias dimensionales sobre el valor nominal y sobre la dispersión del modelo elegido, y si es un ladrillo extrusionado, también el espesor de la cara no vista. Entre cada pieza debe quedar una distancia mínima que permita absorber las tolerancias propias del ladrillo, así como las de colocación.

En las fábricas con juntas a hueso, se respetará una separación mínima de 2 mm entre las testas de dos piezas contiguas. Desde el punto de vista técnico, el contacto entre ladrillos es desaconsejable, ya que, ante cualquier movimiento de la fachada, podría provocarse la concentración de esfuerzos en esos puntos, produciendo deterioros en las piezas.

La junta se realizará con la máxima precisión y de acuerdo con las especificaciones del proyecto en cuanto a espesor, forma, textura, color, etc., por influir de forma importante en el aspecto final de la fachada, ya que supone aproximadamente un 20 % de la superficie vista del paramento.

Nota

La junta puede tener diferentes formas dependiendo del aspecto estético que se quiera obtener. En cualquier caso, su diseño evitará la acumulación de agua, facilitando su evacuación.

La forma y el aspecto definitivo de la junta se obtendrán mediante el llagueado de la misma. Esta operación se realiza cuando se está ejecutando la fábrica y antes de que haya fraguado el mortero, repasando las juntas con el llaguero o con la paleta, mejorando de esta forma el comportamiento de las mismas y el aspecto estético de la fachada. Al repasar la junta, se tendrá la precaución de no arrastrar el mortero.

Con objeto de conseguir la máxima uniformidad en el tono de las juntas, conviene realizar el llagueado transcurrido siempre el mismo tiempo desde la ejecución, realizando primero las verticales para obtener las horizontales más limpias.

2.7. Aplomado de llagas

Se deben estudiar al máximo el tamaño, la forma, la textura, el color y la verticalidad de las llagas, tanto en horizontal como en vertical, pues influyen de forma importante en el aspecto formal de la fachada.

Recuerde

No olvidemos que el conjunto de las llagas puede suponer un 20 % o más de la superficie total del paramento.

La percepción visual sintetiza la suma de colores de los dos componentes de la fachada, pudiéndose obtener resultados muy diferentes con el mismo ladrillo variando las condiciones de la llaga.

Durante la ejecución de la obra, y para asegurar un perfecto acabado de las fábricas realizadas a cara vista, deberán realizarse una serie de controles sobre las fábricas para evitar errores que podrían hacer peligrar su estabilidad, asegurando de esta forma un acabado estético adecuado.

El control del aplomado vertical de las llagas de mortero en las fábricas vistas producirá una fábrica uniforme acorde a los requerimientos de proyecto. Para esto, los plomos de las llagas deberemos conservarlos durante el levantamiento de la fábrica, lo que provocará que esta esté en su totalidad totalmente aplomada.

La colocación de plomadas cada dos metros y la ayuda de la regla telescópica en la ejecución nos servirán para mantenernos dentro de los límites establecidos.

En cerramientos de fábrica de ladrillo no deben permitirse variaciones superiores a 10 mm cada 3 metros en aplomados de llagas parciales y no superiores a 15 mm en toda la altura del paramento.

2.8. Rejuntado

El rejuntado es la operación de eliminar el mortero de las juntas de una fábrica de albañilería, por medio del rascado hasta de 20 mm de espesor, para rellenar a continuación con una mezcla mucho más resistente a la humedad.

Cuando la junta de mortero entre los ladrillos comienza a desmenuzarse es conveniente repararla, no solo para darle una mejor apariencia, sino para evitar que la lluvia pueda penetrar en la pared y surjan así problemas de humedad y filtraciones. El agua por sí misma es perjudicial para la casa, pero el peligro real es la lluvia seguida de heladas, puesto que si el agua penetra en los ladrillos y posteriormente hiela, puede romperse la superficie del ladrillo, haciendo necesaria una mayor reparación y, naturalmente, mucho más cara. Así que es más barato y sencillo tomar medidas anteriores, como reparar la unión de mortero mediante el denominado rejuntado.

Los pasos a seguir para hacer dicha labor de rejuntado son los siguientes:

1. Desprender el mortero viejo hasta una profundidad de 12 a 18 cm. Para hacerlo, servirá cualquier pieza de hierro, bien sea el mango de una vieja lima o un destornillador viejo. Los trozos más duros del mortero se pueden eliminar con un cortafrío (con cuidado de no estropear los ladrillos).
2. Luego habrá que frotar bien con un cepillo, limpiando los restos de polvo y arenas. Una vez limpia la hendidura, para que agarre el mortero mejor, se humedecerá con una esponja pero procurando no saturarla.
3. Es importante planificar bien el trabajo, para lo cual es oportuno cubrir un metro cuadrado cada vez y trabajar siempre por el mismo costado (esto último es muy importante en el rejuntado rebajado, cuyas verticales forman ángulo).
4. Eliminar el exceso de mortero con la paleta, formando ángulos rectos con la pared. Esto permite mantener limpia la paleta.
5. Ahora, con la punta de la paleta, se aprieta en los cruces de las juntas verticales con las horizontales, entre los ladrillos, para asentar las uniones.
6. Las uniones de las horizontales se efectúan de igual modo que las verticales, excepto que la paleta ha de estar más inclinada. El modo que

puede resultar más obvio es erróneo así que es importante mantener la mano hacia la izquierda.

7. Cuando las uniones estén llenas, si se desea que el rejuntado sea impermeable, es recomendable utilizar la paleta para darle la debida inclinación. Hay que hacerlo con cuidado para no manchar de mortero los ladrillos y tener que perder tiempo posteriormente en tareas de limpieza.
8. Colocar la regla sobre la pared y limpiar el borde inferior de la junta con el **francés.** Esto se hace cuando se forma la pequeña salida del rejuntado rebajado.
9. Para realizar un acabado con forma en el rejuntado, ha de hacerse antes de que el mortero se haya endurecido. El útil, en este caso, es el asa de un viejo cubo, aunque también puede servir un trozo de manguera de jardín.
10. Cepillar cuidadosamente la zona. Para esto puede servir una vieja escoba suave o un cepillo.

Consejo

En caso de ser necesario, se eliminará cualquier mancha de mortero frotándola con un trozo de ladrillo.

2.9. Juntas de dilatación

Las juntas de dilatación previstas en proyecto deberán ejecutarse, siempre que sea posible, mediante solape de ½ pie de ladrillos, cuidando de manera especial la limpieza interior de la junta, al elevar las hiladas, garantizando que queda vacía y, por tanto, capaz de facilitar la dilatación.

Posteriormente, una vez limpia la fábrica, se procederá al adecuado sellado de las juntas con el material previsto en las especificaciones de proyecto.

2.10. Enjarjes en encuentros

Un enjarje es una pieza saliente que se deja al suspender la construcción de una obra de fábrica para poder ensamblar los nuevos elementos constructivos cuando se continúe la obra en fechas posteriores.

Podemos distinguir dos piezas fundamentales en la realización de enjarjes en encuentros:

- **Adaraja:** pieza saliente que se deja preparada para continuar con la obra más adelante. Por extensión, cada uno de dichos entrantes y salientes.
- **Endeja:** parte entrante de un aparejo, que se deja a fin de continuar las fábricas en una fase posterior para asegurar la traba.

Detalle de enjarje mal resuelto

2.11. Limpieza y apariencia

Las obras de fábrica de ladrillo deberán ser capaces de conservar durante un período de vida de cinco años, sin entretenimiento alguno y bajo un uso normal, todas sus cualidades. Asimismo, estas, las deberá conservar bajo un periodo adicional de 20 años más bajo unas condiciones de entretenimiento normales.

A partir de dicho tiempo (25 años) y hasta un periodo de vida del edificio de 50 años como mínimo, solo deben ser necesarias pequeñas reparaciones locales.

Transcurridos los 50 años de vida, se admitirá que las obras de fábrica puedan requerir actuaciones de consolidación o de sustitución.

Para el mantenimiento, cada 10 años, o antes si apareciese alguna anomalía, se realizará una inspección para observar si aparecen fisuras de retracción, o debidas a asientos o a otras causas.

Consejo

Cuando se precise la limpieza de fábricas de ladrillo visto, se lavará con cepillo y agua, o una solución de ácido acético.

Necesita realizar una fábrica a cara vista en la ampliación de una vivienda en la que ya existen fábricas de ladrillo con la apariencia de la imagen que se indica a continuación:

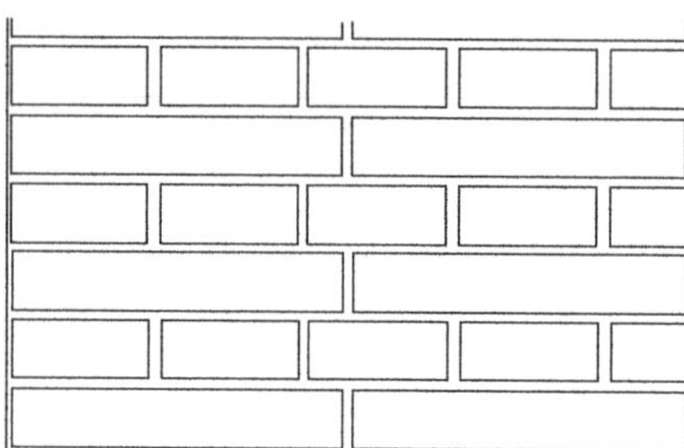

Indique qué tipo de aparejo es y cómo ha de ejecutarse.

SOLUCIÓN

Se trata de un aparejo inglés, y se realiza alternando hiladas de ladrillo a soga con hiladas de ladrillo a tizón.

3. Resumen

Se ha tratado en este capítulo sobre las condiciones que se deberán cumplir durante la ejecución de cada una de las tareas que se encadenan en la ejecución de una fábrica a cara vista con el único objetivo de conseguir una construcción de calidad.

El cumplimiento de condiciones de planeidad, desplome y horizontalidad de hiladas en la fábrica o espesor de juntas, aplomado de llagas o rejuntado de juntas nos asegurarán los requisitos de calidad buscados.

Ejercicios de repaso y autoevaluación

1. **La dirección de obra y la dirección de ejecución de obra, según sus respectivas competencias, realizarán los siguientes controles durante la construcción. Indique la respuesta incorrecta.**

   a. Control de la obra terminada.
   b. Control de recepción en obra de los productos.
   c. Control de personal.
   d. Control de ejecución de obra.

2. **¿Cuál es la tolerancia máxima admisible en la comprobación de un replanteo de obra?**

   a. ± 0,5 cm.
   b. ± 1 cm.
   c. ± 3 cm.
   d. ± 2 cm.

3. **Las juntas de dilatación previstas en proyecto deberán ejecutarse, siempre que sea posible, mediante solape de...**

   a. ... 1 pie de ladrillo.
   b. ... ½ pie de ladrillo.
   c. ... ¼ pie de ladrillo.
   d. Ninguna de las opciones es correcta.

4. **¿Durante cuánto tiempo solo deben ser necesarias pequeñas reparaciones locales en las obras de fábrica de cara vista?**

   a. 100 años.
   b. 10 años.
   c. 25 años.
   d. 50 años.

5. Para la limpieza de las fábricas a cara vista emplearemos...

a. ... una solución de ácido acético.
b. ... un cepillo y agua.
c. Las opciones a y b son correctas.
d. Ninguna de las opciones es correcta.

Capítulo 10

Procesos y condiciones de seguridad en fábricas de albañilería

Contenido

1. Introducción

La correcta ejecución de una fábrica vista no se limita únicamente al cumplimiento de unas condiciones de ejecución y calidad sino que han de cumplirse además condiciones de seguridad durante la realización de las distintas tareas que lo definen.

El cumplimiento de las condiciones que se expondrán en el presente capítulo evitará o reducirá al mínimo las consecuencias de los posibles riesgos que puedan ocasionarse durante su ejecución.

2. Procesos y condiciones de seguridad en fábricas de albañilería

Para la realización de los trabajos de albañilería consistentes en la ejecución de fábricas a cara vista habrán de tenerse en consideración una serie de recomendaciones.

2.1. Orden y limpieza

Una de las principales tareas a realizar como acción preventiva dentro de las obras es el orden y limpieza. La limpieza evita como mínimo la inhalación de sustancias y polvo así como cortes innecesarios con objetos. El orden evita golpes, contribuye a la buena organización de los tajos y garantiza que los accesos sean viables tanto para el personal en servicio como para el personal sanitario y de emergencia. El legislador consciente de la importancia del orden y limpieza en las obras lo incluye dentro de la normativa vigente.

> *Las zonas de paso, salidas y vías de circulación de los lugares de trabajo y en especial, las salidas y vías de circulación previstas para la evacuación en casos de emergencia, deberán permanecer libres de obstáculos de forma que sea posible utilizarlas sin dificultades en todo momento.*
>
> (R. D. 486/97)

Las zonas de paso y las salidas han de permanecer, en todo momento, despejadas y debidamente señalizadas, y no han de acumularse materiales, herramientas u objetos que impidan el paso de las personas o el acceso a equipos de emergencias como extintores, botiquines, etc.

Además, las zonas de almacenamiento de materiales deben ser estables y seguras. Los materiales mal almacenados son peligrosos e ineficaces. Las herramientas manuales deberán estar ordenadas y almacenadas adecuadamente, debiendo ser guardadas en su lugar correcto tras su utilización y en condiciones de uso.

Los lugares de trabajo, incluidos los locales de servicio, además de los equipos e instalaciones, deben ser limpiados de forma periódica y siempre que sea necesario para mantenerlos en todo momento en condiciones higiénicas adecuadas.

No se debe permitir la acumulación de desechos en el suelo o en las máquinas, debiéndose emplear recipientes adecuados. Las salpicaduras o derrames de líquidos en el suelo deberán limpiarse rápidamente para evitar caídas.

Nota

Como norma general, al terminar cualquier operación debe dejarse ordenado el área de trabajo, revisadas todas las máquinas y comprobado que las protecciones colectivas están correctamente colocadas.

2.2. Manejo de herramientas manuales

Antes de su empleo, deben inspeccionarse cuidadosamente mangos, filos, zonas de ajuste, partes móviles, cortantes y susceptibles de proyección. Cualquier defecto o anomalía será comunicado con la mayor celeridad al inmediato superior.

Las herramientas deben ser empleadas siempre para la función para la que fueron diseñadas, con lo que las herramientas manuales eléctricas no se emplearán si están desprovistas de clavija de enchufe.

Si fuese necesario el empleo de alargadores para las herramientas eléctricas, la conexión se hará de la herramienta al enchufe, nunca a la inversa. Si la herramienta dispone de borna de puesta a tierra, el alargador deberá llevarla igualmente. Además, la desconexión de las herramientas manuales eléctricas se realizará siempre tirando de la clavija de enchufe.

2.3. Manejo de sierras circulares

Para garantizar el uso seguro de la sierra circular se deberán seguir una serie de indicaciones, como el empleo de la misma únicamente por el operario que tenga la sierra a su cargo y la realización de los trabajos en una zona idónea para no producir interferencias con otros trabajos, de tránsito ni de obstáculos.

El disco empleado en las labores de corte será el adecuado, con el cuchillo divisor, resguardo y revoluciones. Nunca han de inutilizarse los dispositivos de seguridad y siempre han de emplearse gafas de seguridad.

Han de emplearse todo tipo de accesorios (empujadores, etc.), siempre que el trabajo a desarrollar lo requiera, no debiéndose empujar la pieza con los dedos pulgares de las manos extendidos. Antes de iniciarse los trabajos, se comprobará el afilado del disco, su estado de conservación, su fijación, sentido de giro y nivelación. Si el material empleado en el corte es madera, deberá comprobarse la ausencia de nudos duros, clavos u otros defectos.

Importante

Nunca han de inutilizarse los dispositivos de seguridad y siempre han de emplearse gafas de seguridad.

2.4. Riesgos eléctricos en baja tensión

Los accidentes producidos por la electricidad son debidos a:

- **Contactos directos.** Contacto con partes de la instalación habitualmente en tensión.
- **Contactos indirectos.** Contacto con partes o elementos metálicos accidentalmente puestos bajo tensión.
- **Quemaduras por arco eléctrico.** Producidas por la unión de dos puntos a diferente potencial mediante un elemento de baja resistencia eléctrica.

Toda instalación eléctrica o equipo de trabajo defectuoso se notificará a su superior para su reparación. Únicamente el personal autorizado y cualificado podrá operar en los equipos eléctricos, sean cuadros de maniobra, de puesta en marcha de motores, de transformadores, máquinas en general, ordenadores, etc.

En el caso de avería o mal funcionamiento de un equipo eléctrico, debe dejarse inmediatamente fuera de servicio, desconectado de la red eléctrica (desenchufar), señalizada la anomalía y comunicada la incidencia para su reparación por los cauces establecidos.

Todo equipo de trabajo con tensión superior a 24 V que carezca de características de doble aislamiento estará conectado a tierra y protegido mediante interruptor diferencial (o protegido mediante alguno de los sistemas admitidos en el Reglamento Electrotécnico de Baja Tensión, REBT.

No deben utilizarse las herramientas eléctricas con las manos o los pies húmedos. Las herramientas eléctricas que se encuentren húmedas o mojadas jamás deben utilizarse y deben evitarse completamente las bromas con la electricidad.

En ningún caso deben puentearse las protecciones, como interruptores diferenciales, magnetotérmicos, etc., debiéndose comprobar el funcionamiento manual de los diferenciales una vez al mes.

Recuerde

Los accidentes producidos por la electricidad son debidos a contacto directo, indirecto o por arco eléctrico.

Ante una persona electrocutada se deberá actuar:

1. En todos los casos, debe cortarse la tensión. Debe apartarse al electrocutado de la fuente de tensión, sin mantener un contacto directo con el mismo, utilizando para ello elementos aislantes, como pértigas, maderas, sillas de madera, guantes aislantes, etc.
2. Debe advertirse de la situación al operario inmediatamente superior o a las personas más próximas para iniciar las actividades de actuación en caso de emergencia.
3. En todos los casos, si el operario está capacitado, han de proporcionarse de inmediato los primeros auxilios y avisar a la asistencia sanitaria externa.

2.5. Escaleras portátiles

Antes de utilizar una escalera, esta ha de revisarse observando:

- Correcto ensamblaje de los peldaños.
- Zapatas de apoyo en buen estado.
- Si procediera, el estado de los ganchos superiores.
- En las escaleras de tijeras se revisará el estado de los dispositivos para control de apertura, que se encuentran en la parte central (cadena) y superior (topes) de la escalera.
- Las anomalías que se encuentren serán comunicadas inmediatamente al encargado.
- En ningún caso se utilizarán escaleras reparadas con clavos, puntas, alambres o que tengan peldaños defectuosos.

Nota

Si los defectos encontrados comprometen la seguridad, la escalera se dejará fuera de servicio y se colocará un letrero de "uso prohibido" hasta que se subsanen los defectos.

En la colocación de una escalera han de tenerse en cuenta las siguientes normas:

- La inclinación se ajustará de forma que la distancia entre el apoyo de la base y la vertical del punto superior sea la cuarta parte como mínimo de la longitud de la escalera entre los apoyos de la base.
- Para el acceso a lugares elevados, los largueros de la escalera deberán prolongarse al menos un metro por encima de estos.
- Nunca se colocarán en el recorrido de las puertas, a menos que estas se bloqueen y señalicen adecuadamente.
- Si se utilizan en zonas de tránsito, se balizará el contorno de riesgo o se pondrá una persona que advierta del riesgo.
- De utilizarse escaleras sobre plataformas de vehículos, estos deben permanecer calzados.
- Antes de utilizar una escalera, deberá asegurarse su estabilidad. La base de la escalera deberá quedar sólidamente asentada sobre una superficie plana, horizontal y estable. La parte superior se sujetará, si fuese necesario, al paramento sobre el que se apoya y cuando este no permita un apoyo estable se sujetará al mismo mediante una abrazadera u otros dispositivos equivalentes. Cuando la estabilidad no esté garantizada, un trabajador deberá sostener la base de la misma durante su uso.
- El ascenso, descenso y los trabajos desde escaleras se efectuarán de frente a las mismas, manteniéndose siempre el cuerpo dentro del frontal de la escalera, sin asomarse por los laterales. La escalera se desplazará cuantas veces sea necesario y nunca con el trabajador sobre ella.

2.6. Utilización de andamios

El montaje de los andamios será encomendado a personal especialmente formado y que conozca los riesgos inherentes a dichas actuaciones. Dicho montaje será supervisado por un técnico, siendo este responsable de la correcta ejecución de los trabajos y de dar las instrucciones adecuadas.

Los apoyos se realizarán tras reconocimiento del terreno, nunca directamente sobre el mismo o sobre elementos de dudosa resistencia o estabilidad, y siempre con husillos de nivelación y cuñas de madera. Si son móviles, los sistemas de fijación se mantendrán en perfecto estado.

Los módulos de andamios se arriostrarán según el modelo y las instrucciones del fabricante (con cruces de San Andrés u otros elementos) y los de la base se cruzarán con barras diagonales para rigidizar el conjunto, utilizando todas las piezas dispuestas en el esquema de montaje del fabricante.

Los andamios se arriostrarán al paramento junto al que se está ejecutando, y no deberá comenzarse el nivel superior hasta que los inferiores queden correctamente ejecutados.

El izado de todas las piezas se realizará con sogas y garruchas, empleando eslingas y recipientes que eviten la caída de los materiales.

Los andamios se montarán a una distancia inferior a 30 cm del paramento. Si la distancia es mayor, deberá colocarse una barandilla también al interior.

Las plataformas de trabajo tendrán 60 cm de ancho, serán de superficie antideslizante y estarán diseñadas de manera que no puedan bascular o deslizar. Las plataformas de trabajo tendrán hacia el exterior barandilla de 90 cm de altura con una barra intermedia, y estarán provistas de rodapié de 15 cm de altura tanto al exterior como al interior.

No debe trabajarse de forma simultánea en dos plataformas que estén en la misma vertical.

Recuerde

El montaje de los andamios será encomendado a personal especialmente formado y que conozca los riesgos inherentes a dichas actuaciones.

2.7. Seguridad en trabajos de cerramientos

La zona afectada en la vertical de los trabajos (por riesgo de caída de objetos) se acotará con malla de plástico y se señalizará de manera que se evite el acceso a dicha zona. Cuando pueda afectarse a terceros, se colocarán marquesinas que eviten la caída de objetos a la vía pública.

Los acopios de material se distribuirán de forma adecuada, evitando interferir en las zonas de paso.

2.8. Seguridad en trabajos de particiones

Deberán quedar protegidos todos los huecos existentes de forma que se elimine el riesgo de caída a distinto y al mismo nivel (mallazos, entablados).

Las zonas de paso y las zonas de trabajo se mantendrán limpias de escombros o materiales copiados. A las zonas de trabajo se accederá siempre de forma segura evitando los pasos y pasarelas improvisadas mediante un solo tablón.

Los andamios de borriquetas estarán conformados de manera que sean estables. Las plataformas serán de una anchura mínima de 60 cm, utilizando piezas metálicas.

Los escombros y cascotes se evacuarán mediante tolvas de desescombro, quedando prohibido lanzarlos por los huecos de fachada o patios.

2.9. Manejo manual de cargas

Cuando en tareas de manipulación de cargas se sobrepasa la capacidad física o estas tareas sean repetitivas, pueden producirse lesiones en la espalda.

Los huesos, músculos y articulaciones de la espalda pueden dañarse si se someten a esfuerzos superiores a los que en principio están preparados para resistir o si estos esfuerzos son repetitivos.

El esfuerzo de un levantamiento no es sólo el resultado del peso del objeto manipulado, si no que depende también de la posición y forma en que se ejecuta.

Así, para evitar estos sobreesfuerzos al levantar un objeto considerado en principio como pesado, debemos tener en cuenta una serie de aspectos como: peso, repetitividad, necesidad de ayuda, existencia de aristas agudas o clavos, distancia a recorrer y forma de agarre.

Para un correcto levantamiento y posterior transporte, deberemos aproximarnos a la carga, asegurar un buen apoyo de los pies manteniéndolos separados, mantener la espalda recta, doblar las rodillas (no la espalda) y utilizar los músculos más fuertes y mejor preparados (brazos y piernas).

Nota

Durante el transporte de la carga, se deberá llevar tan cerca como sea posible, llevando la carga equilibrada.

Elevación manual de cargas

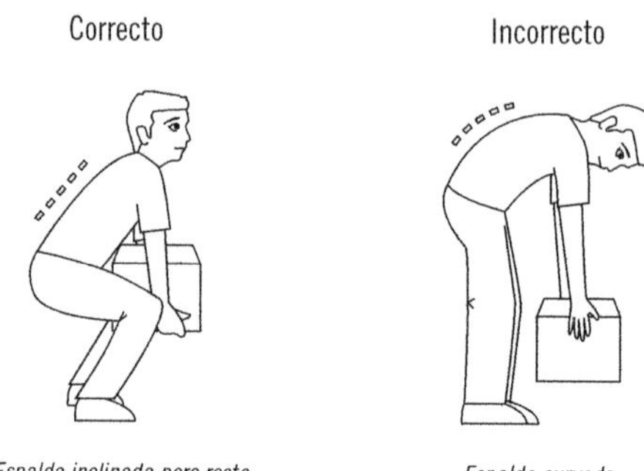

Espalda inclinada pero recta *Espalda curvada*

3. Resumen

Se han enumerado distintas condiciones a cumplir durante la realización de las tareas que definen una fábrica vista, de tipo general, como el orden y la limpieza de los tajos o el manejo de herramientas manuales y eléctricas, o más específicas, como las llevadas a cabo en la ejecución de cerramientos y particiones o en el manejo manual de cargas pesadas.

Más concretamente, hemos podido estudiar el orden y la limpieza, la forma de manejar herramientas manuales y sierras circulares, los riesgos eléctricos en baja tensión, la forma de trabajar con una escalera portátil y con andamios, la seguridad en los trabajos de cerramientos y de particiones y el manejo manual de cargas de forma segura.

Ejercicios de repaso y autoevaluación

1. **Indique la respuesta incorrecta. Las zonas y lugares de trabajo deben mantenerse limpias y ordenadas, para lo que deberán realizarse, entre otras, las acciones siguientes:**

   a. Los lugares de trabajo deben limpiarse todos lo días.
   b. Las zonas de paso y las salidas han de estar despejadas.
   c. Los lugares de trabajo deben limpiarse de forma periódica.
   d. Las herramientas manuales deberán estar ordenadas y almacenadas adecuadamente.

2. **Indique si la siguiente afirmación es verdadera o falsa. En el caso de ser falsa, escriba la afirmación correcta.**

   Las sierras circulares podrán ser empleadas únicamente por el operario designado para su utilización.

   ☐ Verdadero
   ☐ Falso

3. **Indique la respuesta incorrecta. Los accidentes producidos por la electricidad son debidos a...**

   a. ... quemaduras por arco eléctrico.
   b. ... contactos directos.
   c. ... quemaduras por proyecciones eléctricas.
   d. ... contactos indirectos.

4. **Indique la respuesta incorrecta. Antes de utilizar una escalera, esta ha de revisarse observando...**

   a. ... que las zapatas de apoyo estén en buen estado.
   b. ... en escaleras de tijera, el estado de los dispositivos para control de apertura.
   c. ... que los clavos, puntas o alambres que tenga no dificulten el trabajo.
   d. ... el correcto ensamblaje de los peldaños.

5. **Indique la respuesta incorrecta. En el levantamiento de cargas pesadas, deberá tenerse en cuenta una serie de aspectos.**

    a. El color de la carga.
    b. La forma de agarre.
    c. La existencia de aristas agudas o clavos.
    d. El peso.

Bloque 3

Ejecución de fábricas de ladrillo visto

Contenido

1. Elaboración de morteros de cemento, de cal y bastardos
2. Replanteo de fábricas de ladrillo
3. Recibimiento de cercos, precercos, marcos y cargaderos
4. Construcción de fábricas vistas de ladrillo
5. Construcción de elementos singulares
6. Construcción con piezas especiales

Capítulo 1

Elaboración de morteros de cemento, de cal y bastardos

Contenido

1. Introducción

Ya en la civilización islámica el mortero empleado se componía de cal apagada, de 2 a 3 partes, y fango extraído del Nilo. Sin embargo, cuando se confeccionaba para obras hidráulicas, se le añadía ladrillo triturado.

El *Opus Cementicium* fue en Roma el primer material de agarre empleado, posteriormente se usaría la argamasa de cal y arena, mortero este llegado de Grecia y que introdujo como innovación la sustitución de las arenas corrientes (de cava, de río, de mar, de guija) por la volcánica puzolana del Lacio y la Campania, obteniéndose mayores resistencias y características hidráulicas, lo que justificaba su empleo tanto en obras terrestres como en marítimas.

Por tanto, el empleo del mortero como elemento adherente tiene su origen en tiempos muy antiguos.

2. Elaboración de morteros de cemento, de cal y bastardos

Los morteros de cemento, cal y bastardos son mezclas plásticas obtenidas con un aglomerante, arena y agua, que sirven para unir las piedras o ladrillos que integran las obras de fábrica a cara vista, aunque también se emplean en las fábricas que quedan revestidas con enlucidos o revocos.

Los morteros se denominan según sea el aglomerante. Así, se tienen morteros de yeso, de cal o de cemento.

Los morteros bastardos son aquellos en los que intervienen dos aglomerantes, como por ejemplo, yeso y cal, cemento y cal, etc.

La mezcla de un aglomerante y agua se denomina **pasta** y se dice de consistencia normal cuando la cantidad de agua de amasado es igual a los huecos del aglomerante suelto. Si es menor, será seca y mayor fluida, llamándose **lechada** cuando se amasa con mucha agua.

Nota

Los morteros, como los aglomerantes, se clasifican en aéreos e hidráulicos.

Morteros de cemento y arena

Tipo de mortero	Proporción volumen		kg cemento por m³ de mortero	Empleo preferente	Resistencia kg/cm²
	Cem.	Arena			
Ricos	1	1	800	Bruñidos y revoques impermeables.	160
	1	2	600	Enlucidos, revoque de zócalos, corrido de cornisas.	
	1	3	450	Bóvedas tabicadas, muros muy cargados, enlucidos de pavimento, enfoscados	
Ordinarios	1	4	380	Bóvedas de escalera, tabiques de rasilla.	130
	1	5	300	Muros cargados, fábrica de ladrillos, enfoscados.	98
Pobres	1	6	250	Fábricas cargadas	75
	1	8	200	Muros sin carga	50
	1	10	170	Rellenos para solado	30

Morteros de cal y arena

Proporción en volumen		Empleo preferente
Pasta de cal	Arena	
1	1	Enlucidos
1	2	Revoques
1	3	Muros de ladrillo
1	4	Muros de mapostería

Morteros de cemento y cal			
Proporción en volumen			Empleo preferente
1	1	6	Muros cargados, impermeables
1	1	8	Muros poco cargados
1	1	10	Cimientos
4	1	12	Revoques impermeables

Se dará, a continuación, un repaso detallado por cada uno de los elementos que componen los morteros.

2.1. Agua

El agua es un componente imprescindible para la ejecución de morteros, se usa en proporción al resto de componentes y previa garantía de su idoneidad puesto que no todas las aguas son aptas para el amasado de las mezclas. El agua obviamente es necesaria también en su fase de curado, una vez puesta la masa en obra. El aporte de agua en la fábrica ejecutada repercute en su calidad final.

Agua de amasado

- Participa en las reacciones de hidratación del cemento.
- Confiere al mortero la trabajabilidad necesaria para su puesta en obra.
- La cantidad de agua de amasado debe limitarse al mínimo estrictamente necesario.
- El agua en exceso se evapora y crea una serie de huecos en el mortero, disminuyendo su resistencia.
- Un déficit de agua de amasado origina masas poco trabajables y de difícil colocación en obra.
- Cada litro de agua de amasado añadido de más a un mortero equivale a una disminución de 2 kg de cemento.

Agua de curado

Durante el proceso de fraguado y primer endurecimiento del mortero, tiene por objeto:

- Evitar la desecación.
- Mejorar la hidratación del cemento.
- Impedir una retracción prematura.

Aptitud de las aguas

Se debe ser más estricto en la aptitud de un agua para curado que en la de un agua para amasado puesto que:

- En el amasado, la aportación de agua es limitada y se realiza de una sola vez.
- En el curado, la aportación es amplia, de actuación duradera y las reacciones que puedan ocasionar no actúan sobre una masa en estado plástico.

Aguas perjudiciales y aguas no perjudiciales

Un índice útil sobre la aptitud de un agua es su potabilidad. Las excepciones se reducen casi exclusivamente a las aguas de alta montaña, debido a que su gran pureza les confiere carácter agresivo.

Las aguas manifiestamente insalubres pueden ser utilizadas, como por ejemplo, las aguas bombeadas de minas (excepto de carbón), de residuos industriales, pantanosas, etc.

Las aguas depuradas con cloro pueden emplearse perfectamente. Las limitaciones impuestas por la normativa vigente las vemos en la siguiente tabla:

ANÁLISIS DEL AGUA DE AMASADO Y CURADO			
Determinación	**Limitación impuesta por la Normativa Española**	**Riesgos que se corren si no se cumple la limitación**	**Observaciones**
pH	MÍNIMO 5	- Alteraciones en el fraguado y endurecimiento. - Disminución de resistencias y de durabilidad.	- Otras normas internacionales admiten hasta un pH igual a 4. - Con cemento aluminoso no deben usarse aguas de pH superior a 8.
Sustancias disueltas totales	MÁXIMO 15 gramos por litros	- Aparición de eflorescencias u otro tipo de manchas. - Pérdida de resistencias mecánicas. - Fenómenos expansivos a largo plazo.	- Por sustancias disueltas se entiende el residuo salino seco que se obtiene por evaporación del agua. - En zonas sujetas a fluctuaciones de nivel de agua, conviene rebajar el límite a 5 gramos por litro.
Contenido en sulfatos. expresados en ión S04	MÁXIMO 1 gramo por litro	- Alteraciones en el fraguado y endurecimiento; pérdidas de resistencia. - Puede resultar gravemente afectada la durabilidad del hormigón.	- Con cemento P-Y puede llegarse a 5 g/l. - Otras normas internacionales admiten hasta 2,7g/l con portland normal y 10g/l con P-Y. - Atención al contenido en sulfatos del cemento y los áridos, cuando se está cerca del límite. - Se debe ser más estricto con el agua de curado.
Contenido en ión cloro	MÁXIMO 6 gramos por litro	- Corrosión de armaduras u otros elementos metálicos. - Otras alteraciones de hormigón.	- Para hormigón en masa puede elevarse el límite de tres a cuatro veces. - Para hormigón pretensado debe rebajarse el límite a 0,5g/l.
Hidratos de carbono	No deben apreciarse	- El hormigón no fragua. - Otras alteraciones en el fraguado y endurecimiento.	- La sacarosa, glucosa y sustancias análogas alteran profundamente el mecanismo de fraguado de los cementos.
Sustancias orgánicas solubles en éter	MÁXIMO 15 gramos por litro	- Graves alteraciones en el fraguado y/o endurecimiento. - Fuertes caídas de resistencias.	- El ensayo pone de manifiesto la presencia de aceites y grasas de cualquier origen, humus y otras sustancias orgánicas vegetales, que muestran una interacción con la cal liberada del cemento - Atención a la materia orgánica de la arena, cuando se está cerca del límite.

Si es absolutamente obligado emplear un agua sospechosa, convendrá forzar la dosis de cemento (no menos de 350 kg/m^3) y mejorar la preparación y puesta en obra del mortero.

Agua de mar

La normativa técnica vigente en la actualidad admite su empleo para hormigones en masa, previniendo acerca de la posible aparición de eflorescencias (producidas por cristalización de sales) y de la probable caída de resistencia (aproximadamente un 15 %).

El contenido medio de cloruro sódico del agua de mar es del orden de 25 gramos por litro (aproximadamente 15 g/l de ión Cl-), inadmisible para hormigón armado.

El contenido medio del ión sulfato es próximo a los 3 g/l. Según este índice, se podría calificar al agua marina como perjudicial, pero por una serie de razones de índole química, su agresividad real es mucho menor que la que tendría un agua no marina con sulfatos o cloruros en análogas proporciones.

Nota

No se admite presencia de algas, ya que impiden la adherencia árido-pasta, provocando multitud de poros en el hormigón.

El amasado con agua de mar suele ser perjudicial si el mortero va a estar en contacto con agua marina. Por ello, en obras marítimas es normal amasar siempre con agua dulce, sobre todo si se emplean cementos aluminosos.

2.2. Áridos

Los áridos se oponen a la retracción del mortero.

Grava o árido grueso:	fracción mayor de 5 mm
Arena o árido fino:	fracción menor de 5 mm
Arena gruesa:	2-5 mm
Arena fina:	0.08-2 mm
Polvo o fino de la arena:	< 0.08 mm

Desde el punto de vista de la durabilidad del mortero en medios agresivos:

- Deben preferirse los áridos de tipo silíceo (gravas y arenas de río o de cantera) y los que provienen de machaqueo de rocas volcánicas (basalto, andesita) o de calizas sólidas y densas.
- Las rocas sedimentarias (calizas, dolomitas) y las volcánicas sueltas (pómez, toba) deben ser objeto de análisis.
- No deben emplearse áridos que provengan de calizas blandas, feldespatos, yesos, piritas o rocas porosas.

Áridos rodados y machacados

Los áridos se clasifican según su forma en áridos rodados y áridos machacados. La geometría de los áridos se debe a su origen de formación e influye en las características futuras del mortero a elaborar.

Los áridos rodados

- Proporcionan hormigones más dóciles y trabajables, requiriendo menos cantidad de agua.
- Un árido rodado suelto es garantía de piedras duras y limpias.
- Mezclado con arcilla, es imprescindible un lavado enérgico para evitar pérdidas por adherencia.

Los áridos machacados

- Proporcionan una mayor trabazón que se refleja en una mayor resistencia del mortero (sobre todo a tracción) y mayor resistencia química.
- Debe estar desprovisto de polvo de machaqueo, pues supondría un incremento de finos en el mortero y, por tanto, mayor cantidad de agua de amasado, menor resistencia y mayor riesgo de fisuración.

Arena

No es posible hacer un buen mortero sin una buena arena. Las mejores arenas son las de río (cuarzo puro).

Importante

Durante el proceso de elaboración del mortero, además de realizar una previa selección del tipo de árido (rodado o de machado), se debe cuidar el tamaño del mismo. Al calcular la dosificación de la mezcla es fundamental conocer el tamiz por donde pasa cada tipo de árido a utilizar y la cantidad de finos.

La arena de mina suele tener arcilla en exceso, por lo que es necesario lavarla enérgicamente.

Las arenas de mar, si son limpias, pueden emplearse en la realización de morteros, previo lavado con agua dulce.

Las arenas de machaqueo de granitos, basaltos y rocas análogas son excelentes, con tal de que sean rocas sanas que no acusen un proceso de descomposición.

Las arenas de **procedencia caliza** son de calidad muy variable. Requieren más cantidad de agua de amasado que las silíceas.

Grava

La resistencia de la grava viene ligada a su dureza, densidad y módulo de elasticidad. Se aprecia en la limpieza y agudeza de los cantos vivos procedentes del machaqueo.

Ensayos de la arena (A) y de la grava (G) cuya realización es obligatoria

Determinación	Limitación impuesta por la Normativa Española	Riesgos que se corren si no se cumple la limitación	Observaciones
Terrones de arcilla	MÁXIMO A: 1 por 100 G:0,25 por 100 Del peso total de la muestra	- Hormigón poco resistente. - Coqueras interiores y oquedades en las superficies.	- Se entiende por terrones las partículas que se deshacen bajo la presión de los dedos. - Suelen existir en las arenas de mina. - Especialmente peligrosos en medios agresivos.
Finos que pasan por el tamiz 0,080 UNE 7050	MÁXIMO A: 5 por 100 G: 1 por 100 del peso total de la muestra	- Falta de adherencia pasta-árido. - Hormigón muy fisurable por retracción. - Hormigón poco resistente.	- En la arena, es deseable no superar el 2 por 100 para hormigones armados; en casos dudosos, determinar el equivalente de arena. - Los finos incluyen limos, arcillas, sales solubles y otras impurezas.
Material retenido por el tamiz 0,0063 UNE 7050 y que flota en un líquido de peso específico 2	MÁXIMO A: 0,5 POR 100 G: 1 por 100 del peso total de la muestra	- Anomalías en el fraguado. - Coqueras. - Hormigón poco resistente.	- Se refiere a partículas de carbón, madera, materias vegetales, etc. Deben prohibirse totalmente. - No es corriente encontrar áridos que incumplan este ensayo.
Compuestos de azufre expresados en S04 y referidos al árido seco	MÁXIMO A: 1,2 POR 100 G: 1,2 por 100 del peso total de la muestra	- Alteraciones en el fraguado y endurecimiento. - Pérdidas de resistencia. - Gran disminución de la durabilidad.	- Suelen provenir de sulfatos (yeso, anhidrita) o de sulfuros (piritas) - Atención al contenido en sulfatos de cemento y del agua, cuando se está cerca del límite

Continúa en página siguiente >>

<< Viene de página anterior

Determinación	Limitación impuesta por la Normativa Española	Riesgos que se corren si no se cumple la limitación	Observaciones
Sustancias que reaccionan perjudicialmente con álcalis del cemento	A y G deben estar EXENTAS de tales sustancias	- Procesos fuertemente expansivos que destruyen el hormigón	- Puede darse con ciertos áridos silíceos de naturaleza opalina o similar. - Es muy raro encontrar áridos que incumplan este ensayo.
Materia orgánica	La A no debe producir coloración más oscura que la patrón	- Graves alteraciones en el fraguado y endurecimiento - Fuertes caídas de resistencia	- La materia orgánica muestra una interacción con la cal liberada del cemento. - Atención al contenido a la materia orgánica del agua, cuando se está cerca del límite.
Partículas blandas	MÁXIMO A: - G: 5 por 100 del peso total de la muestra	- Hormigón poco resistente.	- El ensayo mide la resistencia de los granos de la grava al rayado con latón. - Se detectan también las partículas duras aglomeradas débilmente (ciertas areniscas).
Coeficiente	MÁXIMO A: - G: 0,15	- Hormigón poco trabajable y de difícil compactación. - Escasa resistencias y compacidad.	- Se admiten valores inferiores, previos ensayos de comprobación del hormigón en laboratorio. - Conviene elevar a 0,20 el límite para fracción superior a 25 mm

2.3. Aditivos

Los aditivos son sustancias orgánicas o inorgánicas que actúan potenciando o disminuyendo alguna de las características finales de los morteros.

Modificadores de fraguado y endurecimiento

Son productos que, adicionados a las pastas, morteros u hormigones en el momento de **amasado,** impiden, retardan o aceleran el fraguado de los mismos o actúan sobre su endurecimiento. A estos productos se les denomina **inhibidores de fraguado, retardadores y acelerantes,** respectivamente.

Inhibidores de fraguado

Pueden ser convenientes en los casos que interese impedir el proceso de fraguado del cemento, como puede ocurrir en el caso de una avería de un camión hormigonera.

Importante

Nunca se deben añadir aditivos sin prescripción técnica. Por lo tanto su uso se limita a lo definido en proyecto. Posteriormente solo podrán introducirse aditivos con la autorización expresa de la dirección facultativa de la obra.

Retardadores

El empleo de un aditivo retardador que frene la hidratación del cemento con respecto a su velocidad normal puede ser conveniente en determinados casos, como por ejemplo, en el transporte de morteros u hormigones a grandes distancias, complicación de la puesta en obra del mortero o el hormigón, etc.

El empleo de retardadores es delicado debido a que, si se usan en **dosis incorrectas**, pueden **inhibir el fraguado y endurecimiento** del mortero.

Los retardadores **reducen la resistencia del mortero** en sus primeros estados y **aumentan la retracción** de los morteros.

Ejemplo

Pueden ser sustancias inorgánicas solubles, como el cloruro de aluminio, nitrato cálcico, cloruro de cobre, sulfato de cobre, cloruro de cinc, bórax soluble, fosfatos y floruros, ácido fosfórico, ácido bórico, óxidos de cinc y de plomo, etc., o sustancias orgánicas, como la glucosa, sacarosa, almidón, etc.

Acelerantes

La utilización de un acelerante puede tener **ventajas** de tipo **económico** o **técnico**. La primera es frecuente en prefabricación, donde inmovilizar los moldes durante un tiempo reducido supone un gran ahorro económico. Las ventajas de tipo técnico se presentan en la puesta en obra en tiempo frío, donde el empleo de un acelerador permite que el hormigón adquiera unas resistencias suficientes antes de que las bajas temperaturas puedan afectarle.

Cloruro cálcico (CaCl2)

- Incrementa la velocidad de hidratación dando lugar a resistencias iniciales altas.
- El tiempo de iniciación del fraguado puede limitarse a menos de la mitad.
- Libera una gran cantidad de calor en las primeras horas, lo que posibilita su uso en tiempo frío.
- Mejora la docilidad de los hormigones y aumenta su compacidad.

- Tiene el inconveniente de que puede producir eflorescencias y corrosión de las armaduras, especialmente en ambientes húmedos.

Otros acelerantes

- Cloruro sódico, amónico y férrico.
- Bases alcalinas, hidróxido sódico, potásico y amónico.
- Carbonatos, silicatos y fluosilicatos, aluminatos, boratos de sodio y potasio, ácido oxálico, etc.

Impermeabilizantes

En determinadas construcciones (cerramientos exteriores de parcelas, fachadas) es necesario que los morteros sean impermeables.

En construcciones o estructuras que están en contacto con el agua, es necesario impedir que esta ascienda por capilaridad.

Así, se pueden considerar dos tipos de impermeabilizantes: los reductores de penetración de agua y los hidrófugos.

- Los **reductores de penetración de agua** aumentan la resistencia al paso del agua a presión sobre un mortero endurecido.
- Los **hidrófugos** disminuyen la absorción capilar o el paso del agua a través de un mortero saturado.

Los productos **aireantes** tienen un papel notable sobre la impermeabilidad, al interrumpir con burbujas de aire la red capilar de los morteros.

Los productos **plastificantes** (polvo de sílice, cenizas volantes, tierra de infusorios, bentonita, filler calizo, jabones, aceites minerales pesados) disminuyen el diámetro de la red capilar.

Los impermeabilizantes pueden modificar el tiempo de fraguado del mortero, disminuir las resistencias mecánicas y aumentar la retracción, siendo conveniente realizar ensayos previos.

Consejo

No se puede utilizar el impermeabilizante para taponar los huecos de un mortero malo.

Generadores de gas

En vez de introducir aire, incluyen un gas, formado al reaccionar dichos productos entre sí o con el mortero. Se emplean más con morteros de cemento que con hormigones.

- Agua oxigenada e hipoclorito cálcico, que genera oxígeno.
- Carburo cálcico, que al reaccionar con agua da lugar a acetileno.
- Polvo de aluminio, que al reaccionar con los álcalis del cemento genera hidrógeno.

Generadores de espuma (espumantes)

Los generadores de espuma, al igual que los de gas, encuentran amplia aplicación en la fabricación de morteros ligeros empleados fundamentalmente como aislantes térmicos.

Colorantes

Deben ser estables, no alterables a la intemperie, compatibles con el cemento y no descomponerse en presencia de la cal liberada en la hidratación y endurecimiento de este.

3. Tablas

A continuación, se exponen diferentes tablas de mucha utilidad para la confección de morteros.

Capacidad de utillaje en la confección de morteros

Utillajes	Medidas (cm)	Capacidad (litros "colmados")	Cemento (kg)
Pala de ½ luna	28 x 32	5	7.5
Pala recta	30 x 34	7	10.5
Balde -caldereta	Ø 30 x 23	13	20
Caldereta	33 x 16	11	17
Cesto de goma	Ø 40 x 22	20	30
Carretilla	85 x 65 x 15	90	135
Saco de cemento	72 x 40 x 12	-	50
Nota: Este utillaje sirve también para confeccionar pequeñas cantidades de hormigón			

Dosificaciones de morteros (en peso)

Aplicación	Dosificación Cemento /Arena	Cemento kg/m^3	Arena [1] Vol./m^3	Agua l/ m^3
Muros de poca carga	1:4	380	1.100	240
Muros cargados [2]	1:3	460	0.980	260
Revoques impermeables [3 y 4]	1:1.5	740	0.812	300
Raseos de fachadas [4]	2:3			

Notas: 1) El peso es de 1500 kg/m^3
2) Para fábricas de ladrillos y raseos exteriores
3) Debe agregarse 31 kg/m^3 de líquido impermeabilizante
4) 2 partes de cemento y de 3 de arena

Dosificación de morteros por cestos de 20 litros

Aplicación	Dosificación C/A	Cemento kg/m^3	Arena [1] Cestos colmados	Agua l	Mortero obtenido [1]
Enlucidos y revocos.	1:2	600	3	29	83
Enfoscados, revocos, pavimentos.	1:3	450	5.4	29	112
Escaleras, bóvedas, etc.	1:4	380	6.5	29	132
Fábricas cargadas, enfoscados.	1:5	300	8.5	42	166
Fábricas menos cargadas.	1:6	250	10	50	200
Fábricas ordinarias sin cargar.	1:8	200	13.5	60	250
Solados, rellenos.	1:10	170	16.5	60	333
Revoques impermeables [2]	1:1.5	750	3	20	

Notas: 1) Cestos colmados por saco de cemento de 50 kg
2) Debe añadirse de hidrófugo del 1 al 3 % del peso del cemento

Resistencia de los morteros dosificados en volumen

Clases de mortero	Dosificación	Resistencia (kg/cm^2)
Mortero de cemento-cal-arena	1 : 1 : 10 1 : 1 : 6	20 50
Mortero de cementos-arena, equivalente a dosificación de 250 kg de cemento/m^3	1 : 6	50
Mortero de cementos-arena, equivalente a dosificación de 380 kg de cemento/m^3	1 : 4	100
Mortero de cementos-arena, equivalente a dosificación de 450 kg de cemento/m^3	1 : 3	150

Aplicación práctica

Se encuentra trabajando de peón en una construcción y el oficial al que está destinado le encarga la ejecución de mortero para un muro de cerramiento que no se encuentra cargado.

Tendrá que ver cuántas paladas de cemento y cuántas de arena deberá emplear antes de añadir el agua.

SOLUCIÓN

Se deberá añadir por cada palada de cemento cuatro de arena antes de añadir el agua y teniendo en cuenta la cantidad final de mortero dependiendo de la fábrica a realizar y del medio a utilizar para hacer la mezcla.

4. Resumen

En el capítulo que concluye se han definido los distintos componentes que forman los morteros, diferenciando los distintos tipos de aguas y áridos y teniendo especial atención con los aditivos existentes hoy en día en función de la característica pretendida en el mortero.

Así, con respecto al agua, hemos diferenciado entre agua de amasado y de curado, aguas perjudiciales y no perjudiciales y el agua de mar. En cuanto a los áridos, hemos visto los áridos rodados y machacados, la arena y la grava, y en los aditivos, hemos estudiado los modificadores de fraguado y endurecimiento, los impermeabilizantes, los generadores de gas y los espumantes.

Ejercicios de repaso y autoevaluación

1. ¿Cuáles son los morteros bastardos?

a. Aquellos en los que intervienen dos aglomerantes.
b. Aquellos que se realizan sin aglomerantes.
c. Los realizados sin arena.
d. Ninguna de las opciones es correcta.

2. De las siguientes características del agua de amasado, indique cuál no es correcta.

a. La cantidad de agua de amasado debe limitarse al mínimo estrictamente necesario.
b. Participa en las reacciones de hidratación del cemento.
c. Un déficit de agua de amasado origina masas más trabajables y de fácil colocación en obra.
d. Confiere al mortero la trabajabilidad necesaria para su puesta en obra.

3. Indique si la siguiente afirmación es verdadera o falsa y explíquelo.

El empleo de agua de mar en la elaboración de morteros está totalmente prohibido.

☐ Verdadero
☐ Falso

4. Indique cuál de las siguientes afirmaciones no es correcta.

a. Las mejores arenas para fabricar morteros son las de río.
b. Las arenas de machaqueo de granitos, basaltos y rocas análogas son inaceptables.
c. Las arenas de mar, si son limpias, pueden emplearse en la realización de morteros, previo lavado con agua dulce.
d. La arena de mina suele tener arcilla en exceso.

5. Indique si la siguiente afirmación es correcta. En el caso de ser falsa, escriba la afirmación correcta.

El cloruro cálcico empleado en la fabricación de morteros como acelerante incrementa la velocidad de hidratación dando lugar a resistencias iniciales altas.

- ☐ Verdadero
- ☐ Falso

Capítulo 2

Replanteo de fábricas de ladrillo

Contenido

1. Introducción
2. Replanteo de fábricas de ladrillo
3. Útiles de replanteo
4. Resumen

1. Introducción

Como ya se ha comentado, la tarea del replanteo previo de las fábricas de ladrillo a cara vista es quizás la más determinante de todo el proceso constructivo.

Es, por tanto, evidente la necesidad y la importancia de las labores de replanteo, y sobre todo teniendo en cuenta que, al tener que efectuarse necesariamente a medida que se construye el edificio, y al apoyarse cada parte que se va construyendo en el previo replanteo de esta, como se ha explicado, cualquier error en un replanteo repercute en todas las labores que se ejecuten ulteriormente.

2. Replanteo de fábricas de ladrillo

Las labores de replanteo de albañilería en planimetría se realizarán normalmente mediante procedimientos de medición directa, es decir, utilizando la cinta métrica y escuadra de albañil, indicada específicamente en las dimensiones de la distribución interior de un edificio. Para la medición de alturas, utilizaremos preferentemente la nivelación geométrica, mediante el nivel topográfico, aunque se puede usar el nivel láser o el nivel de agua.

Para comenzar a replantear la albañilería deberemos no solo conocer y estudiar los planos propios de albañilería, sino también los planos o memorias de carpintería y cerrajería, y comprobar previamente si corresponden las dimensiones a los huecos previstos en albañilería, al tiempo que habrá que terminar de definir detalles y dimensiones, una vez decididos los fabricantes y suministradores concretos.

El replanteo debe iniciarse realizando una serie de **tareas previas** que servirán para una correcta ejecución:

- Ha de comprobarse que la estructura de la edificación se haya ejecutado por completo.
- También se ha de tener en cuenta la incidencia de las cargas mecánicas de la construcción sobre los elementos de sustentación de los andamios en las tareas de acabado.

- Antes de comenzar con los trabajos, debe limpiarse prolijamente la zona donde se replanteará el cerramiento a cara vista.
- Se realizará una primera nivelación del plano de arranque de la fábrica a cara vista.
- Cuando la pared a ejecutar es estructural y se monta un andamio desde el nivel del suelo, debe comprobarse que la zona donde se apoye la estructura (normalmente metálica) del mismo sea perfectamente plana.
- Se ejecuta luego la primera hilada de ladrillo en seco con el aparejo determinado, calculados los espesores de llaga y tendel y marcando los huecos de la fachada.
- Los huecos existentes en los cerramientos a cara vista marcados en la primera hilada en seco servirán como referencia para la colocación de reglas metálicas extensibles perfectamente niveladas y aplomadas.
- Se marcarán en dichas reglas y marcos, que nos servirán de referencia, el espesor total de las hiladas, es decir, ladrillo y mortero de agarre.

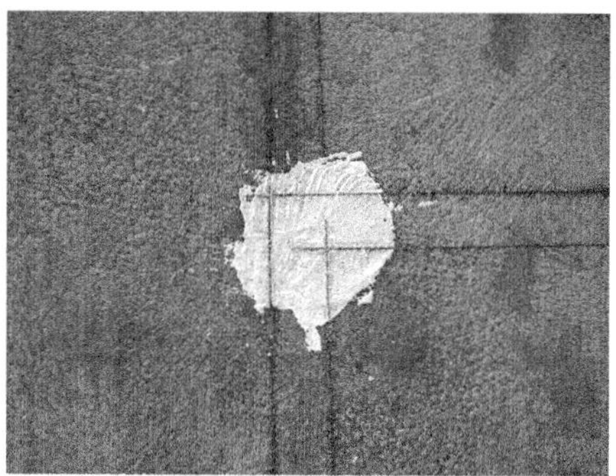

Marcas de replanteo para divisiones interiores

Para comenzar con el **replanteo** en obra, y una vez recopilados todos los planos de planta acotados, los de alzados necesarios, los de carpinterías y las secciones constructivas, habrá de definirse primero el plano de fachada de la construcción a realizar, comprobando plomos y alineaciones de referencia existentes.

Nota

Para la obtención de dichas alineaciones y plomadas, deberán tirarse los plomos en todas las esquinas y rincones de los forjados estructurales, desde el último nivel de cubierta bajando hasta el primer nivel o forjado.

En un plano realizado a tal efecto, deberán fijarse las desviaciones tanto en plomo como en alineación, definiendo del modo siguiente:

1. Realizar la alineación del arranque definitivo y dimensiones exteriores de la fachada.
2. Efectuar la rectificación de los forjados donde la ejecución de la fábrica no puede absorber los errores admisibles.
3. Nivelar el perímetro de la fachada desde el arranque de la obra vista, colocando rasillas o ladrillos si fuese necesario.

El proceso de ejecución del replanteo de una fábrica a cara vista ha de iniciarse mediante el marcado de los vértices o esquinas de las fachadas y alineaciones obtenidas de los plomos, desde la zona superior de la edificación, mediante la colocación de reglas auxiliares metálicas que nos sirvan de referencia.

Reglas metálicas extensibles de referencia

Una vez realizada esta tarea previa, se han de repartir los ladrillos jugando con las juntas de mortero que existirán entre los mismos (marcando con lápiz de carpintero de canto o a lo ancho) llegando a las esquinas con la pieza entera o media pieza.

Nota

De igual modo, los huecos de la fachada también se ajustarán a esta modulación definida.

El principal problema con los ladrillos a cara vista es conseguir dicha modulación adecuada en la solución constructiva de huecos, encuentros, salientes y esquinas.

La primera opción será la de modular desde plano en base a la medida de las distintas piezas. No obstante, esta opción no es factible ya que, si cogemos de entre los ladrillos acopiados en obra una muestra, podremos comprobar que estos pueden variar hasta 5 mm entre ellos, por lo que la única solución es el replanteo *in situ.*

TOLERANCIAS DIMENSIONALES		
Dimensiones nominales (cm)	**Ladrillo cara vista**	
	Sobre el valor nominal	**Sobre la dispensión**
29≥ L > 10	± 3 mm	5 mm
L < 10	± 2 mm	3 mm

Una posible solución para que todos los encuentros estén acabados con piezas enteras (a soga o a tizón) será la de recortar el ladrillo anterior (o algunos anteriores) a la pieza final lo suficiente para que el último ladrillo se ajuste sin necesidad de cambiar la medida.

Equipo eléctrico para corte de piezas cerámicas

No es la única solución existente pero con esta podemos afirmar que se podrán resolver todos los problemas de huecos y esquinas del edificio, dando la impresión de una modularidad perfecta en todos sus huecos.

Consejo

En los trabajos de replanteo nunca acumularemos medidas, a no ser que sea necesario por la gran dimensión de una longitud, ya que el replanteo se debe hacer estableciendo un origen y midiendo desde este siempre.

Así pues, los trabajos de replanteo planimétrico no ofrecerán normalmente ninguna dificultad, más que la de la propia meticulosidad y esmero con que hay que hacer el trabajo para minimizar los errores, y en cualquier caso, tendremos recursos, explicados ya en este texto sobradamente, como para solventar cualquier dificultad. Pero el trabajo no termina aquí, ya que tan importante o más que la planimetría, y normalmente ejecutada junto a ella, es la labor de **altimetría.**

En las fábricas de albañilería ejecutadas a cara vista, las dimensiones de los tendeles dependerán claramente de las alturas entre dos plantas consecutivas. Es por esto que el grosor del tendel ha de determinarse de forma muy cuidadosa y concienciada para que la ejecución se realice correctamente.

Un replanteo incorrecto en altura puede llegar a provocar la necesidad de la demolición del paramento completo ya que, si no se ha realizado este reparto de una forma correcta, podría darse el caso en el que la necesidad de adaptarse a unas medidas concretas de la edificación, con unas piezas determinadas desde el inicio de la fábrica, lleve a corregir las diferencias de medidas en el grosor del tendel, teniendo las últimas hiladas distinto grosor (mayor o menor) al empleado en las hiladas de arranque de la fábrica.

Importante

En la ejecución de las fábricas se debe vigilar su verticalidad, de modo que no se produzcan desplomes, y la idoneidad de sus juntas (forma y grosor), por lo tanto la calidad de la ejecución no se limita a respetar sus dimensiones finales.

En cuanto al replanteo de cotas, partimos del nivel que marcamos en la estructura, y que continuaremos marcando en todas las fábricas a medida que se vayan labrando. Este nivel, que en algunas zonas se denomina **peso,** es una guía desde la cual replantearemos todos los elementos que contenga la albañilería, tales como:

- Antepechos: de ventanas y otros huecos.
- Dinteles y arcos: de todos los huecos
- Cercos y contracercos: de puertas y ventanas.
- Elementos de cerrajería: en general, rejas, celosías, barandillas, etc.
- Chimeneas y conductos de ventilación.
- Pretiles y elementos de cubierta.
- Bañeras y platos de ducha.
- Mecanismos y cuadros eléctricos.
- Recrecidos y elementos de cambio de nivel.
- Fábricas en general.

El nivel, bien trazado y comprobado, posibilita una referencia insustituible en toda la obra, habida cuenta de que, si estamos trabajando con albañilería tradicional, la solería no estará colocada hasta después de haber ejecutado las instalaciones empotradas. En tabiquería ligera, como es el yeso-cartón y derivados, este replanteo se ejecuta sobre la solería, aunque mantener el nivel visible, trazado en los paramentos, será siempre una buena receta para referenciar el resto de elementos.

Una vez quede ejecutada la primera hilada, se colocarán reglas fijas en las esquinas y huecos, donde se marcan las siguientes hiladas. También se colocan perchantes desde la cubierta, que deben situarse en las esquinas para no ir acumulando errores con las reglas, pues el desplome admitido por planta es de + - 10 mm y para la altura total del edificio es de + - 30 mm.

Andamio móvil en ejecución de cerramiento exterior a cara vista

En estas primeras hiladas se inicia el correcto replanteo de la fábrica, para el que hay que tener en cuenta las juntas de trabajo, la disposición de los huecos, y los quiebros. Es una labor muy importante que va a repercutir en el aspecto final de la fachada. Un buen encargado y un jefe de obra conocedor de su oficio son básicos para que esta labor se ejecute de una forma correcta.

Con objeto de obtener la máxima uniformidad de tono en la fachada, los ladrillos se deben tomar de varios paquetes simultáneamente (al menos cuatro), haciendo el desapilado de cada paquete de forma escalonada para conseguir la mezcla de las distintas capas.

Esta recomendación se hace especialmente importante durante el replanteo, ya que de esta forma se obtendrá la media de las dimensiones reales del ladrillo.

Durante el replanteo, además de hacer la labor de acople entre las medidas reales existentes en la edificación y la colocación de piezas completas o medias de ladrillo en una misma hilada, se deberá también colocar los ladrillos a **rompejuntas,** haciendo coincidir en la misma vertical la llaga cada dos hiladas.

Acopio de ladrillos en obra

Actualmente, se está generalizando el empleo de medios topográficos para la realización de replanteos de plantas completas de edificaciones, mediante el empleo de estaciones totales de topografía. Las alineaciones generales de la edificación, así como los plomos verticales generales, son a menudo hoy en día obtenidas mediante estos medios mucho más precisos y fiables. El ahorro en tiempo y mano de obra a la hora de realizar el replanteo previo es considerable, junto a la fiabilidad, por lo que cada vez son más empleados.

Recuerde

En las primeras hiladas se inicia el correcto replanteo de la fábrica, para el que hay que tener en cuenta las juntas de trabajo, la disposición de los huecos, y los quiebros.

No obstante, mediante este replanteo topográfico, se obtendrán las líneas maestras o generales que servirán de referencia. Las auxiliares en el levantamiento de paños concretos habrán de obtenerse, partiendo de estas, con el empleo de la metodología tradicional, es decir, mediante el empleo del nivel de agua, las marcas a lápiz, los hilos, las reglas, los niveles, las plomadas, etc.

Durante la realización del replanteo, han de realizarse una serie de tareas con objeto de cumplir con un determinado control de calidad que asegure una buena ejecución de la misma. Para esto, en el replanteo de fábricas ejecutadas a cara vista, será necesario comprobar, entre otras cosas, la distribución de las distintas piezas cerámicas de ladrillo que componen la fábrica y la exactitud en el nivelado de la primera hilada o hilada de arranque.

Levantado de primeras hiladas de ladrillo a cara vista

3. Útiles de replanteo

Comentadas todas las tareas a realizar durante el proceso del replanteo de fábricas de albañilería a cara vista, se destacan a continuación los útiles más empleados en la realización de esta tarea.

- **Plomada:** cuerda de cáñamo delgada, en uno de cuyos extremos lleva un peso de hierro o latón terminado en punta. La cuerda pasa por una chapa del mismo metal o de madera, que se llama **nuez** y que es del mismo ancho que el peso inferior. Si se suspende cogiendo entre los dedos el extremo superior o punto cualquiera del hilo, la cuerda marca la dirección de la línea vertical, pudiéndose encontrar sobre una superficie la proyección de un punto determinado o apreciar si un renglón muro cualquiera está a plomo o no.

Plomada

- **Cinta métrica:** sirve para medir longitudes. Las retráctiles tienen hasta 5 m, y las de mayor longitud, hasta 50 m. Lo normal es emplear cinta de tejido de cáñamo con hilos metálicos en su interior que se enrollan sobre su eje, encerrado en un estuche cilíndrico de cuero, que se hace girar por medio de una pequeña manivela o bien de cinta de acero que se arrollan sobre arcos de hierro, en los cuales se sostiene por medio de tres o cuatro estribos y que para que no se oxiden debe tenerse la precaución de untarlas con vaselina o grasa.
- **Hilo invar:** para la eliminación del error de dilatación en grandes triangulaciones y en la medición de bases geodésicas se utiliza el hilo invar, que es de acero y de 1,5 mm de diámetro.
- **Escuadras:** pueden ser de madera o metálicas y de tamaño adecuado a la labor a realizar. También se puede emplear la cinta métrica como escuadra para trazar ángulos de 90°, formando, con 12 metros de cinta, el triángulo de lados de 3, 4 y 5 m, o múltiplos de ellos.

Escuadra de replanteo

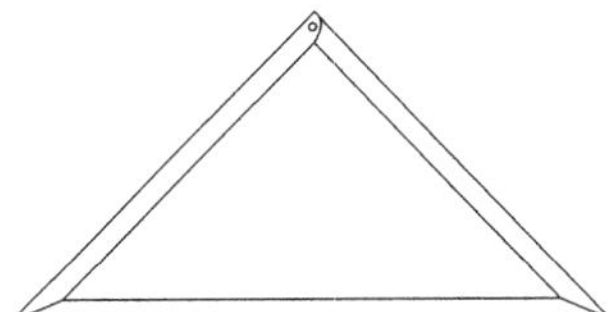

- **Escuadra de agrimensor:** unión de dos alidadas iguales y dispuestas de modo que determinan dos planos visuales perpendiculares entre sí. Ya casi en desuso, solo se emplea en operaciones de detalle y pequeños levantamientos.

- **Escuadra de espejos:** de pequeñas dimensiones, fácilmente se puede llevar en el bolsillo.
- **Niveles:** los puntos fundamentales se pueden señalar con estación total. La nivelación consiste en reconocer si un plano es horizontal y la operación se hace con sencillos aparatos de topografía. Para nivelación en replanteos también pueden usarse las niveletas y el nivel de agua.
- **Niveletas:** tablillas rectangulares divididas sus caras en dos cuarteles con colores distintos para que destaque la línea de separación. Se utiliza un juego de tres y sirven para definir alineaciones en que los puntos estén en el mismo plano horizontal. Pueden ser dos niveletas fijas y la tercera telescópica. Actualmente, la tecnología de fabricación de útiles de albañilería ha evolucionado mucho, y las actuales niveletas no tienen nada que ver con las antiguas. Mostramos, a continuación, un tipo de niveleta actual, en el que se puede apreciar el nivel superior de burbuja.

Niveleta

- **Nivel de agua:** se basa en el principio de los vasos comunicantes, pudiendo utilizarse un tubo de plástico, que se emplea mucho por su rapidez.
- **Agujas, jalones y banderolas:** para conocer a distancia los sitios de las estacas en puntos que conviene considerar, se usan los jalones (de 1,50 m y 2,0 m) y banderolas (de 3 m de longitud).

Son preferibles los jalones pintados de rojo y blanco de decímetro en decímetro, o también de doble en doble decímetro.

- **Estacas:** son piezas de madera de forma paralelepipédica, terminadas en punto en forma de pirámide y que se elevan en el suelo con martillo o mazo. Sirven para señalar alineaciones que fijan los ángulos y vértices de la construcción, pudiendo hacerse la alineación pasando por el centro de la estaca materializándose con un clavo o bien haciendo coincidir con ella una de las caras cuando las estacas deben sostener la cuerda.

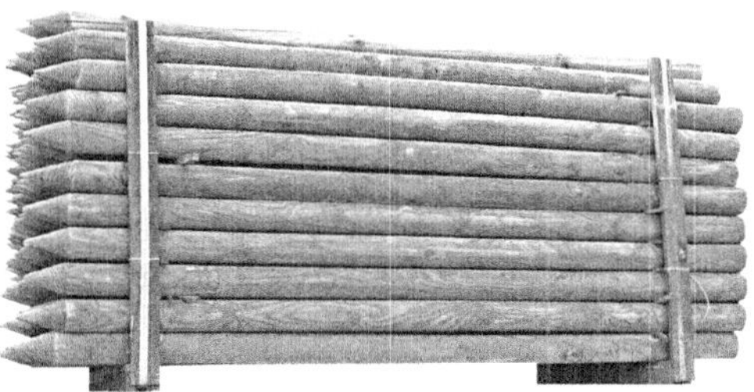

Estacas

- **Camillas:** se emplean para replantear los anchos de zanjas. Constan de una pieza rectangular de madera o una simple, tabla, de mayor longitud que el ancho de la zanja, colocada de canto y sujeta por estancas que se clavan al terreno. En el borde superior de la tabla se marca con trazos de sierra, o lápiz imborrable, el ancho de la zanja y el eje, sujetando a ellos las cuerdas de atirantar.
- **Cuerdas de atirantar:** son cuerdas finas de cáñamo o nylon que se utilizan en replanteo para fijar en el terreno, en reglas metálicas auxiliares, en camillas, etc., las alineaciones de zanjas, de muros, el espesor de las hiladas, la situación de huecos, etc.

Empleo de cuerda de atirantar en ejecución de fábrica a cara vista

Aplicación práctica

Se encuentra realizando el replanteo previo de un cerramiento de un edificio de tres plantas, la diferencia existente con la plomada tirada desde la cubierta y la estructura en planta baja, primera y segunda es de -10 mm, 20 mm y + 25 mm respectivamente. ¿Es correcto comenzar la ejecución?

SOLUCIÓN

Para comenzar la ejecución se debe tener en cuenta la limitación permitida en los desplomes, tanto por planta como en la totalidad. Así, la desviación en planta baja está en los límites mientras que en planta primera y segunda se supera, así como en el cómputo total de la edificación. Se deberá, por tanto, reducir la desviación en planta primera y segunda hasta + 10 mm como máximo, con lo que la desviación total ya se encontrará dentro de los límites marcados también.

4. Resumen

Se han definido en el presente capítulo las diferentes tareas que componen un replanteo tanto planimétrico como en altura dando recomendaciones a seguir durante la ejecución de dichas tareas, hecho importante puesto que un replanteo incorrecto en altura puede llegar a provocar la necesidad de la demolición del paramento completo.

Además se ha hecho un completo repaso sobre los diversos útiles empleados en la ejecución del replanteo, tales como plomada, cinta métrica, hilo invar, escuadras, niveles, agujas, jalones y banderolas, estacas, camillas y cuerdas de atirantar, definiéndolos y explicando el objetivo buscado con su utilización.

Ejercicios de repaso y autoevaluación

1. **A los ladrillos empleados en fábricas a cara vista de lado 15 cm se les permite una tolerancia sobre el valor nominal de...**

   a. ... ± 3 mm.
   b. ... ± 2 mm.
   c. ... ± 5 mm.
   d. ... ± 1 mm.

2. **Indique si la siguiente afirmación es verdadera o falsa.**

   En los trabajos de replanteo nunca acumularemos medidas, a no ser que sea necesario por la gran dimensión de una longitud, ya que el replanteo se debe hacer estableciendo un origen y midiendo desde este siempre.

   ☐ Verdadero
   ☐ Falso

3. **Desde el peso. replantearemos los elementos...**

   a. ... dinteles y arcos.
   b. ... pretiles y elementos de cubierta.
   c. ... cercos y contracercos.
   d. Todas las opciones son correctas.

4. **Indique la respuesta incorrecta. Durante el replanteo se deben desapilar los ladrillos de varios paquetes a la vez. ¿Por qué?**

   a. Para obtener la máxima uniformidad de tono.
   b. Para conseguir la media de las dimensiones reales del ladrillo.
   c. Para consumir el acopio de forma simultánea.
   d. Las opciones a y b son correctas.

5. ¿Qué es una escuadra de espejo?

a. Una escuadra de grandes dimensiones.
b. Unión de dos alidadas iguales y dispuestas de modo que determinan dos planos visuales perpendiculares entre sí.
c. Tablillas rectangulares divididas sus caras en dos cuarteles con colores distintos para que destaque la línea de separación.
d. Una escuadra de pequeñas dimensiones y que fácilmente se puede llevar en el bolsillo.

Capítulo 3

Recibimiento de cercos, precercos, marcos y cargaderos

Contenido

1. Introducción

La colocación en obra de elementos de carpintería de huecos es una operación que preocupa a todos los agentes de la edificación involucrados en el proceso de construcción, y que van desde el propio fabricante de los elementos de carpintería hasta la dirección técnica de la obra, la cual debe racionalizar al máximo esta técnica, sin que los elementos ya fabricados sufran el más mínimo deterioro.

Si se sigue este criterio, han de buscarse, por una parte, técnicas que reduzcan al máximo el número de operaciones a llevar a cabo en obra y, por otra parte, el fabricante del elemento de carpintería de taller debe diseñar y presentar el producto de tal forma que, su instalación en el conjunto de la edificación, facilite dicha operación con el mínimo número de manipulaciones posibles.

2. Recibido de cercos, precercos, marcos y cargaderos

En la colocación en obra de elementos de carpintería, se debe diferenciar la carpintería exterior de la carpintería interior, tanto por las prestaciones exigidas una vez colocada, como por el grado de solicitación a la que esta se verá expuesta en sus condiciones normales de uso.

Acopio de precercos de madera en obra

Así, para la colocación de cercos, precercos y marcos de obra se debe realizar la clara diferenciación entre carpintería expuesta al ambiente exterior y la instalada en el interior.

2.1. Carpintería interior

La carpintería interior suele realizarse sobre huecos con materiales de madera o alguno de sus derivados, especialmente si el edificio es usado como vivienda, pero no hay que olvidar que existen otras alternativas según el uso del edificio y las necesidades de sus recintos como puede ser el uso de carpintería metálica o del tipo PVC.

Puertas

Antes de describir los distintos métodos de colocación de puertas, conviene resaltar algunas de las funciones que desempeñan los cercos de los mismos y que deben estar siempre presentes, cualquiera que sea el método utilizado.

- **Función de unión.** El cerco asegura la unión entre la parte móvil (hoja de la puerta) y las partes fijas (tabique y su suelo).
- **Función de distribución.** Tradicionalmente, los cercos se han colocado antes de levantar el tabique propiamente dicho, con lo cual, estos materializaban las tres dimensiones que debía seguir el operario de albañilería en la realización de la compartimentación de la construcción.
- **Función de sostén.** Cuando se trata de tabiques de yeso y ladrillo, estos se apoyan sobre el cerco, con lo cual este debe proporcionar la determinada resistencia mecánica que necesita el tabique.
- **Función de protección.** Para cierto tipo de tabiques, cuyos bordes son extremadamente frágiles, el cerco proporciona una protección de sus cantos ante determinados choques.
- **Otras funciones.** A su vez, los cercos deben proporcionar otras funciones, tales como resistencia al fuego, aislamiento acústico, etc.

Teniendo en cuenta las funciones de los cercos anteriormente descritas, en la colocación de las puertas se pueden distinguir tres métodos generales de colocación:

- **Método tradicional,** en el cual la colocación de cercos, marcos y precercos se realiza antes del levantamiento del tabique.
- **Método de colocación de carpintería en tabiques secos (prefabricados)**, en el cual los cercos se fijan al mismo tiempo que la colocación del tabique.
- **Método del bloc-porte,** válido tanto para tabiques prefabricados como para tabiques construidos en obra. La colocación de la puerta es posterior a la realización del tabique y el elemento de carpintería, pudiéndose colocar la misma en un avanzado estado de acabado de la construcción.

Método tradicional

Este método, como su nombre indica, se ha venido realizando de una forma generalizada en la colocación de puertas y, por ser de sobra conocido, nos limitaremos a enumerar las operaciones más importantes a realizar y que son las siguientes:

- Replanteo del hueco de las puertas.
- Colocación del cerco precerco.
- Levantamiento del tabique y fijación del cerco o precerco al mismo, mediante anclajes metálicos.

Nota

El hecho de usar un precerco solo implica que el cerco de la puerta no se deteriore durante el levantamiento del tabique.

Distintos tipos de soluciones

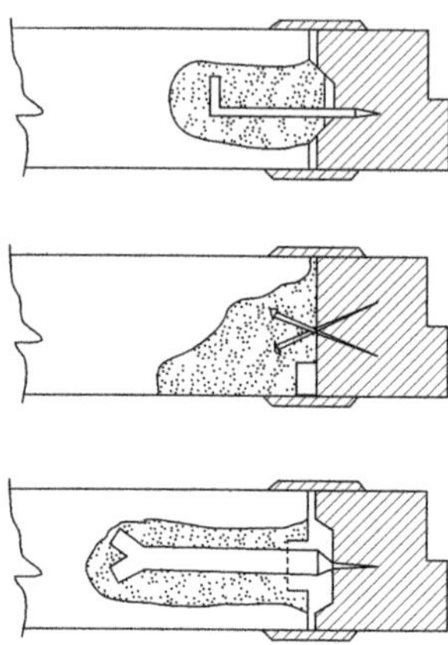

Métodos de colocación de puertas en tabiques prefabricados

En este método, los cercos y/o precercos, se colocan al mismo tiempo que se fabrica el tabique. La fijación entre ambos se realiza a base de clavos y tornillos, y las peculiaridades del sistema de fijación dependen de las características del tabique.

En los esquemas siguientes se representan distintas soluciones, en función del tipo de tabique utilizado.

Tabique prefabricado macizo: cerco clavado sobre el canto del tabique

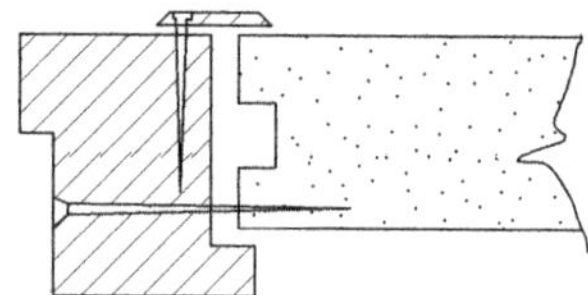

Tabique prefabricado macizo: cerco atornillado en el canto del tabique

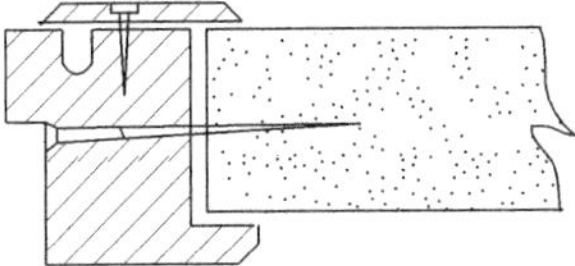

Tabique prefabricado macizo: cerco atornillado a un perfil intermedio

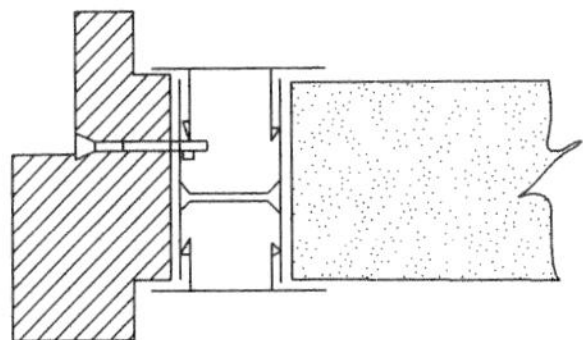

Tabique alveolar con cámara de aire: cerco atornillado a sendas escuadras que se fijan a los paramentos interiores del tabique

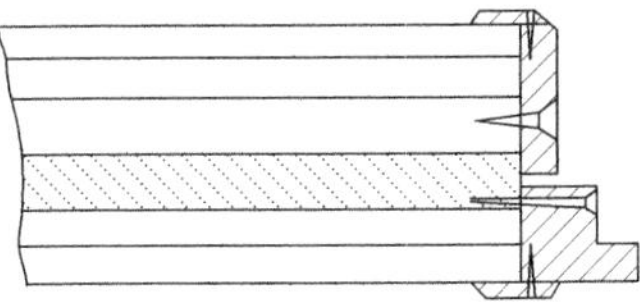

Tabique alveolar: cerco clavado al listón de madera que es parte de la estructura del tabique

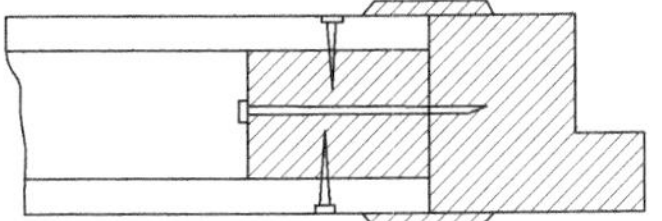

Cualquiera de los dos métodos descritos anteriormente, presenta una serie de desventajas que se analizarán a continuación.

1. **El cerco precerco** lo coloca el operario de albañilería y no el carpintero, lo que supone el manejo de un material distinto al de su especialización.
2. ***La* hoja de la puerta** llega a la obra generalmente sin herrajes y sin acabado superficial y es allí donde el carpintero instalador debe realizar estas operaciones.
3. **Los ajustes de la hoja** al cerco correspondiente se realizan en la obra, lo cual implica una precisión en los mismos, debido a no disponer de los medios necesarios ni de las condiciones idóneas de trabajo.
4. **Los cercos o precercos**, durante el levantamiento del tabique sufren degradaciones que repercuten, posteriormente, en el ajustado de las hojas.
5. **Encarecimiento de las instalación** al no poderse mecanizar debidamente las operaciones.
6. **No quedan bien delimitadas las responsabilidades** en caso de reclamaciones, ya que con frecuencia, se da el fenómeno de que el fabricante del cerco es distinto del fabricante de la hoja y distinto, a su vez, del carpintero instalador.

Método del bloc-porte

Esta técnica es válida tanto para tabiques prefabricados como para tabiques fabricados en obra.

La colocación de la puerta es posterior a la realización del tabique y el elemento de carpintería se puede colocar en un estado avanzado de acabado.

Nota

Conviene que la carpintería permanezca en el taller protegida de las inclemencias del tiempo, de exposiciones al sol, y a salvo de golpes, hasta que llegue el momento de su puesta en obra.

La hoja de la puerta se monta en su cerco correspondiente, en el taller, realizando también en el mismo los ajustes que sean necesarios y su total acabado.

En la realización del hueco del tabique, podemos distinguir dos técnicas distintas:

- Utilización del precerco.
- Cerco directo.

Utilización del precerco

Válido, tanto para tabiques tradicionales, como para tabiques prefabricados, tipo sándwich. El precerco, en el caso del tabique tradicional, se ancla al tabique con cualquiera de los sistemas descritos en el método tradicional, y sirve al operario de albañilería de replanteo y guía en el levantamiento del tabique.

Una vez realizado el hueco, con su precerco incorporado, se inserta el bloc-porte en el hueco y se clava el precerco, ayudándose de unas cuñas de madera, dispuestas a determinados intervalos de su perímetro, sobre las cuales se introduce un clavo sin cabeza.

Con este sistema, y debido a la utilización del precerco, las secciones de cerco son mucho menores.

Nota

En el caso de que el tabique sea tipo sándwich, el precerco irá incorporando a la propia estructura del panel, siendo el montaje similar al caso anterior.

Detalle de uso de precerco en bloc-parte

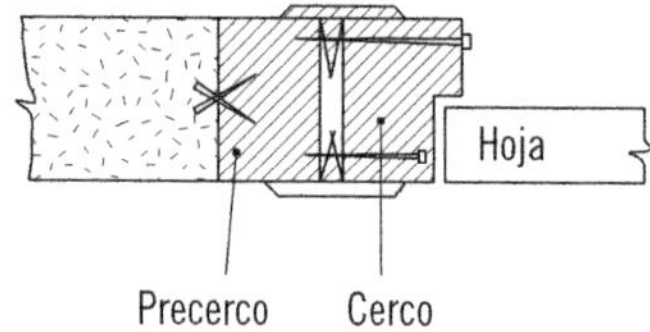

Cerco directo

En este caso, al no utilizarse precerco de madera, el albañil debe ayudarse para el replanteo del tabique y la realización del hueco, de una plantilla metálica, la cual retirará una vez realizado este.

Una vez realizado el hueco y enlucido el tabique, se insertará el bloc-porte, fijándolo por medio de espumas de poliuretano, y/o escuadras metálicas si se desconoce el envejecimiento que puede sufrir la espuma con el tiempo.

Detalle de uso de precerco en bloc-parte

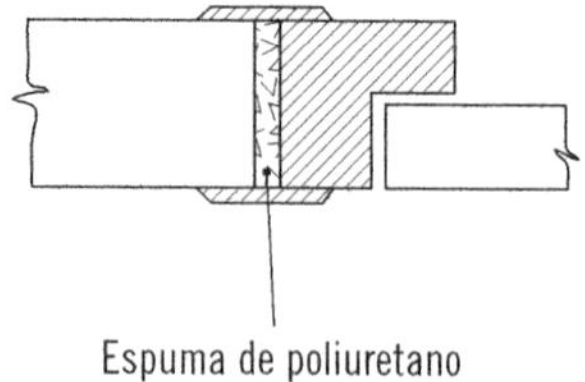

Cuando se trate de puertas interiores, empleando solamente la espuma se obtiene una unión cerco-fábrica suficientemente resistente para los esfuerzos que tiene que soportar.

Consejo

En las puertas exteriores o de entrada, se utilizará la combinación de espuma-escuadras metálicas, por razones de seguridad.

Detalle de uso de escuadras metálicas de seguridad

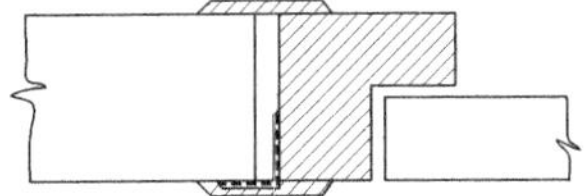

La utilización de espumas en la colocación de carpintería permite, además de un montaje sencillo y limpio, un aislamiento térmico y acústico mucho mayor que con los métodos tradicionales. Su adherencia madera-obra depende del tipo de espuma, condiciones de aplicación y espesor de la junta.

2.2. Carpintería exterior

Los huecos de la envolvente del edificio se cierran con carpinterías de todo tipo de materiales y con distintos modelos y tipos de diseños en cuanto a tamaño, forma, color, e incluso tipo de aperturas. En el caso de las puertas, lo más corriente es que en los accesos a vivienda se coloque algún modelo de puerta de madera en la entrada principal y metálicas en los accesos a patios y garaje. Las ventanas independientemente del tipo de material que sean, suelen ser acristaladas para dejar el paso de la luz, y con la opción de incluir elementos tipo marquesina, viseras, persianas o contraventanas.

Ventanas

En la colocación de los elementos de carpintería exterior, además de ser válidos los principios establecidos para la carpintería interior, se tendrán que verificar una serie de condiciones especiales, tales como:

- Estanqueidad al aire y al agua de la junta entre la obra y carpintería.
- Resistencia de la junta para soportar los esfuerzos del viento.

Por otra parte, la ventana se debe considerar en su conjunto como un elemento prefabricado. De ahí, que esta debe salir del taller acristalada, sellada y con el tratamiento superficial definitivo, evitando cualquier manipulación de la misma en obra, excepto las propias de su fijación.

Las características de los cerramientos exteriores, donde se colocarán las ventanas, difieren de los tabiques interiores descritos en los métodos de colocación de puertas. Considerando el cerramiento más generalizado, formado por ladrillo cara vista, cámara de aire y/o aislante y tabique interior y, suponiendo que la ventana esté colocada a haces interiores, se pueden considerar los siguientes métodos generales de colocación sin solape del cerramiento sobre el cerco:

- Utilización del precerco.
- Cerco directo.

Esta forma de unión descrita no se viene practicando excepto en determinadas obras de rehabilitación, cuyos cerramientos son muros de carga formados por un solo elemento, sin doblado de tabiques.

La unión entre el cero de la ventana y la obra de fábrica se consigue mediante un retacado de mortero.

Este sistema presenta el inconveniente de que cada ventana debe ajustarse a las dimensiones del hueco, con lo cual es difícil la fabricación a *stock* y, además, el retacado de mortero, con el tiempo, se agrieta debido a las hinchazones y mermas de la madera y a los esfuerzos que debe soportar por el uso.

Utilización del precerco

El precerco se une a la fábrica en el momento de levantar el tabicón interior y servirá de guía al albañil para el replanteo y dimensionado del hueco.

La técnica de fijar el cerco de la ventana a la obra durante el levantamiento del tabique interior se desaconseja totalmente, debido a que este estará durante mucho tiempo expuesto a oscilaciones de humedad y temperaturas grandes, produciéndose deformaciones que luego deben ser corregidas al colocar las hojas.

Cerco directo

En este sistema, las dimensiones del hueco interior deben ajustarse a las dimensiones normales de la ventana +2 cm como máximo. De ahí que, para lograr estas precisiones, el albañil utilice una plantilla metálica, que retirará cuando el grado de fraguado lo permita.

Nota

La fijación de la ventana se realizará por medio de espumas de poliuretano.

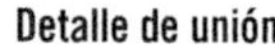

Detalle de unión

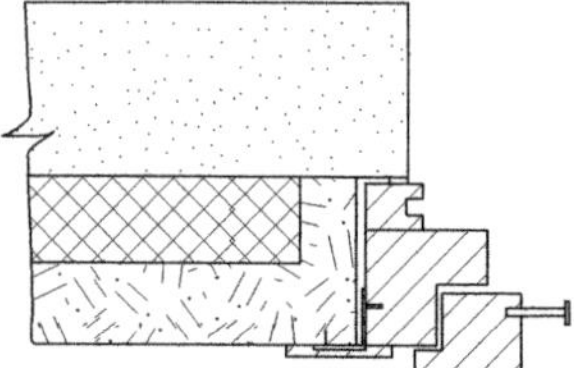

Cuando se desconozca las características de la espuma, o cuando se prevean situaciones de exposición fuertes para la ventana, se colocarán en su contorno, y uniformemente distribuidos, anclajes metálicos, formados por una escuadra metálica que va clavada, por una parte, al cerco de la ventana, y por la otra, al tabique interior.

Escuadra metálica

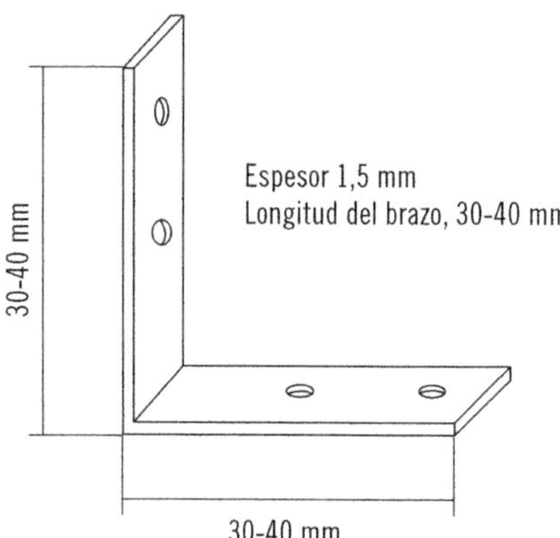

El empleo de la espuma como medio de fijación, además de proporcionar una resistencia adecuada, contribuye al aislamiento térmico y acústico de la junta obra de fábrica-carpintería. Por otra parte, y según el esquema representado en la figura, la espuma está protegida de las radiaciones ultravioletas del sol, evitando así posibles degradaciones de las mismas.

A continuación, se dan las características mecánicas de juntas obra de fábrica-carpintería de dos tipos de espumas que han sido estudiadas para este uso.

Tipo de espuma	Espesor de la junta	Adherencia obra de fábrica-carpintería
A	7 mm	0,80 kg/cm^2
B	7 mm	1,20 kg/cm^2
A	3 mm	1,2 kg/cm^2
B	3 mm	2,1 kg/cm^2
A	10 mm	0,76 kg/cm^2
B	10 mm	0,13 kg/cm^2
A	14 mm	0,69 kg/cm^2
B	14 mm	1,1 kg/cm^2

Como puede observarse, el espesor de la junta influye en la adherencia entre obra-carpintería.

Esquema de colocación de una ventana con cerco directo

El albañil ha utilizado previamente una plantilla metálica para el replanteo del hueco, dejando sendos cajeados en el tabique para colocar los anclajes metálicos.

La junta obra de fábrica-cerco de la ventana, puede rellenarse en todo su perímetro con espuma de poliuretano, para conseguir un aislamiento térmico y acústico mayor, además de proporcionar mayor resistencia mecánica a la unión.

Esquema de colocación de una ventana utilizando precerco

El precerco unido a la obra con anclajes metálicos, en el momento de levantar el tabique, ha servido para replantear el hueco.

La fijación de la ventana se puede realizar por medio de espumas de poliuretano, mediante clavos, o bien mediante una combinación de los dos sistemas.

Esquema de colocación de una ventana con cerco directo

El albañil ha utilizado previamente una plantilla metálica para el replanteo del hueco. La junta, obra de fábrica-cerco de la ventana, se rellenará con espuma de poliuretano, la cual realizará la fijación propiamente dicha de la ventana.

Consejo

Cuando se prevean unas condiciones de exposición de la ventana fuertes, se recomienda la utilización de escuadras metálicas, que irán atornilladas al tabique interior.

2.3. Cargaderos

Expuesto el tema de los cercos, precercos y marcos, nos centraremos a continuación en los cargaderos. Estos elementos constructivos tienen la función en los huecos de construcción de soportar el peso de la fábrica por encima de ellos y transmitirlo a su vez en sentido horizontal hacia las jambas.

En la siguiente imagen, se puede apreciar la función que desempeña un cargadero. La viga en el dintel soporta el peso de los ladrillos sobre el hueco y lleva la carga a los laterales, que a su vez apoyan en el forjado. Sin la viga, el paño de ladrillos se deformaría por su peso. La altura del hueco es irrelevante, solo interviene la anchura.

Ejemplo

El mismo cargadero sirve para una puerta de 3 metros de altura, por ejemplo.

Detalle de un cargadero

Como se puede observar en la imagen anterior, el cargadero tiene una longitud superior a la del hueco, entrando entre 20 y 30 cm en ambas jambas laterales.

Para la ejecución de fábricas a revestir, el material empleado en los cargaderos suele ser vigas prefabricadas de hormigón dobles o simples en función del espesor de la fábrica en la que apoyan. En cambio, en la ejecución de las fábricas de ladrillo a cara vista, el estudio de este elemento constructivo se hace fundamental por su gran influencia en el aspecto final de la fachada.

Para solucionar constructivamente este punto se han empleado históricamente cargaderos de madera. Este material dispone de la resistencia a compresión y, sobre todo, a flexión suficiente y necesaria para ser empleado en dinteles y cargaderos. Hoy día, debido a sus ostensibles cualidades decorativas, e incluso salvando la mayor necesidad de dimensión con respecto al hormigón para una misma carga estructural, se está devolviendo este material a las fachadas de los edificios apoyándose además en una mejor tecnología en el tratamiento de la madera ante la exposición a ambientes externos.

Detalle de un cargadero de madera

En las fábricas de ladrillo a cara vista, el empleo de materiales metálicos es cada vez más empleado. Con este material podemos absorber los esfuerzos existentes en los huecos de construcción con muy poco espesor, siendo muy empleada la solución de cargaderos metálicos de pletina de acero laminado en caliente como apoyo para la fábrica a cara vista que descansa sobre el cargadero. También es frecuente la modificación de la colocación de los ladrillos (con respecto al resto de la fábrica) en estos elementos resaltando, de esta manera, el dintel en la misma, dando la idea de un elemento portante cuando la función la ejerce realmente el cargadero metálico oculto.

Nota

En los cerramientos de albañilería de dos hojas en los que la hoja exterior queda ejecutada a cara vista y la interior para revestir, cerramiento tradicional, es frecuente el empleo de pletinas metálicas que sustenten el dintel de chapa plegada por el interior de la hoja exterior de la fábrica.

Pletina metálica de chapa plegada anclada mediante pletinas al forjado

Aspecto final de los cargaderos en la fábrica a cara vista

Aplicación práctica

Como encargado de obra, debe darle, al oficial encomendado para realizar las particiones de una vivienda, las pautas a llevar a cabo en la colocación de los precercos que acaban de llegar desde el taller de carpintería.

Continúa en página siguiente >>

<< Viene de página anterior

SOLUCIÓN

Primero deberá controlar la recepción de los mismos, comprobando detenidamente la correcta ejecución de las garras del precerco y teniendo en cuenta la cantidad de las mismas.

Una vez iniciado el replanteo, se situará el precerco en su correcta ubicación y se aplomará. Ha de tenerse perfectamente claro el grosor final del paramento a ejecutar con objeto de que el precerco se adecue al mismo, es decir, si va enfoscado por las dos caras, enfoscado y alicatado, alicatado a ambas, etc.

Realizadas estas tareas, se podrá comenzar la ejecución del paramento dejando perfectamente recogidas las garras del mismo con la fábrica que se levante.

---

3. Resumen

Ha comenzado el capítulo que finaliza con la diferenciación en la ejecución de carpintería al exterior y al interior dando diversas pautas a seguir durante la ejecución de estas tareas en función del método de ejecución del hueco mediante uso de precercos previos a la carpintería o la colocación directa de la misma.

Para la colocación de puertas se puede usar el método tradicional, el método de colocación de puertas en tabiques prefabricados y el método bloc-porte.

En la colocación de los elementos de carpintería exterior, además de ser válidos los principios establecidos para la carpintería interior, se tendrán que verificar una serie de condiciones especiales.

Por último, los cargaderos tienen la función, en los huecos de construcción, de soportar el peso de la fábrica por encima de ellos y transmitirlo a su vez en sentido horizontal hacia las jambas.

Ejercicios de repaso y autoevaluación

1. Indique cuál de las siguientes respuestas no corresponde a las funciones que desempeñan los cercos de las puertas.

a. Función de sostén.
b. Función de unión.
c. Función de protección.
d. Todas las opciones son correctas.

2. ¿Qué función tiene la utilización de escuadras metálicas en las puertas exteriores?

a. Razón de aislamiento.
b. Razón estética.
c. Razón de seguridad.
d. Ninguna de las opciones es correcta.

3. Indique la respuesta incorrecta. El empleo de espumas de poliuretano en la colocación de cercos de puertas y ventanas permite...

a. ... facilitar un montaje sencillo y limpio.
b. ... aumentar el aislamiento térmico.
c. ... aumentar el aislamiento acústico.
d. Ninguna de las opciones es correcta.

4. ¿Qué condiciones especiales han de cumplir las carpinterías exteriores?

a. Estanqueidad al agua de la junta entre obra y carpintería.
b. Resistencia de la junta a los esfuerzos del viento.
c. Estanqueidad al aire de la junta entre obra y carpintería.
d. Todas las opciones son correctas.

5. Indique si la siguiente afirmación es verdadera o falsa.

Los cargaderos serán siempre de la misma dimensión del hueco.

- ☐ Verdadero
- ☐ Falso

Capítulo 4

Construcción de fábricas vistas de ladrillo

Contenido

1. Introducción

A lo largo de la historia de la arquitectura, los cambios en los materiales utilizados han sido muy habituales por razones de estética, de avances tecnológicos, etc.

En España, la tradición del empleo del ladrillo en la ejecución de fábricas a cara vista no ha tenido pausa. Este material ha estado presente en la mayoría de las construcciones románicas, mudéjares, renacentistas, barrocas y modernistas, y parece mantenerse en la actualidad.

A las razones históricas de uso, habría que añadirles las de un menor mantenimiento y un menor coste, tan importantes en la arquitectura de hoy en día.

El presente capítulo se centrará en la construcción de fábricas vistas de ladrillo, haciendo especial referencia a las ejecutadas con ladrillos perforados, macizos y aplantillados, además de indicar el empleo de distintas piezas especiales necesarias para su ejecución.

2. Perforado

Los ladrillos son utilizados como elemento para la construcción desde hace unos 11.000 años. Los primeros en utilizarlos fueron quizá los mesopotámicos y los palestinos, ya que en las áreas donde levantaron sus ciudades apenas existía la madera ni la piedra. Los sumerios y babilonios secaban sus ladrillos al sol. Sin embargo, para reforzar sus muros y murallas, en las partes externas, los recubrían con ladrillos cocidos, por ser estos más resistentes. En ocasiones, también los cubrían con esmaltes para conseguir efectos decorativos.

Las dimensiones de los ladrillos fueron cambiando en el tiempo y según la zona donde se utilizaron pero siempre bajo la premisa de un tamaño abarcable con una sola mano para facilitar su manejabilidad y su puesta en obra por un operario.

La evolución en la fabricación de ladrillos en los últimos siglos y la mecanización de las factorías de todo el mundo ha conseguido importantes avances en los mismos. Concretamente, el ladrillo perforado proviene del ladrillo macizo, como evolución del mismo.

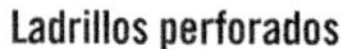

Ladrillos perforados

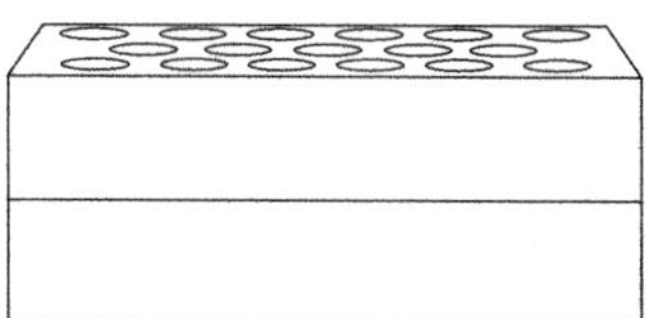

La aplicación de los avances tecnológicos en los procesos de fabricación de ladrillos ha conseguido la obtención de piezas de similares o incluso mejores características que las piezas macizas, al incluir perforaciones en todo su espesor, que han provocado un **menor coste de fabricación,** un **menor peso** para facilitar su puesta en obra y todo esto **manteniendo sus características mecánicas** mínimas. Además, han de tenerse en cuenta también los avances técnicos llevados a cabo en sus acabados superficiales externos lo que ha mejorado tanto su aspecto estético como su comportamiento ante los agentes externos.

Independientemente del aparejo utilizado en el levantamiento de una fábrica a cara vista, las piezas empleadas en la ejecución de la misma le darán un aspecto diferenciador.

Sabía que...

Las fábricas a cara vista levantadas con ladrillos perforados son quizás las más repetidas en la actual arquitectura residencial española.

En la ejecución de fábricas de albañilería a cara vista con este tipo de piezas, la tabla del ladrillo habrá de situarse en una posición perpendicular al plano del paramento, el aparejo empleado en la ejecución será el que determine su posicionamiento a soga o a tizón. La utilización de piezas de ladrillo perforado dejando la tabla en la línea del paramento con toda la superficie de huecos hacia el exterior es empleada únicamente en la ejecución de puntos singulares, como la ventilación de cámaras de aire o la ventilación de formación de pendientes con tabiques palomeros en la ejecución de tejados.

Aspecto final de una fábrica de ladrillo macizo

La ejecución de fábricas a cara vista con este tipo de ladrillos no supone una elaboración distinta a la realizada con el resto de piezas. El planteamiento general del proceso, es decir, reparto en seco, replanteo, humectación de piezas, colocación, enjarjes, relleno de juntas, aparejos, limpiezas, etc., es el mismo que se ha desarrollado anteriormente.

Elaboración de fábrica cara vista con ladrillo perforado

El ladrillo perforado es el que tiene un uso más generalizado a la hora de realizar una fábrica cara vista, como ya se ha comentado. Se emplea habitualmente en aparejos con llagas convencionales, en torno a 1 cm o 1,5 cm, quedando asegurada la resistencia y la estanqueidad, al penetrar el mortero en las perforaciones y conseguir una adherencia perfecta entre ambos materiales.

Se han de destacar, en las fábricas de ladrillo perforado, los esmaltados (ladrillos con sus caras vistas revestidas con esmalte por monococción), lo que va a permitir obtener una gran variedad de colores (según las fritas utilizadas). Este tipo de ladrillos tienen una succión y una absorción prácticamente nula en las caras vistas, y en el resto de sus caras las características siguen siendo las mismas de un ladrillo perforado visto. Además, su comportamiento ante el agua de lluvia es mejor que el resto.

También se debe hacer especial mención en la ejecución de fábricas de ladrillo perforado al empleo de los hidrofugados. Estos ladrillos (sometidos a un proceso que consiste en aplicar, por inmersión o por aspersión, un producto hidrofugante) mejoran las características de succión y absorción tan esenciales en las fábricas exteriores.

Los ladrillos hidrofugados no disminuirán su capacidad de transpiración, ya que si bien aumenta su impermeabilidad al agua en estado líquido, se mantiene el paso de la misma en forma de vapor.

Ha de indicarse en la colocación de ladrillos perforados hidrofugados que deben colocarse completamente secos, por lo que es necesario quitar el plástico protector del palet de almacenamiento al menos dos días antes de su puesta en obra.

Recuerde

El ladrillo perforado es el que tiene un uso más generalizado a la hora de realizar una fábrica cara vista.

3. Macizo

El ladrillo macizo es el ladrillo sin perforaciones o con perforaciones en la tabla de volumen no superior al 10 %. Se obtiene mediante extrusionado de la arcilla a través de una boquilla o por prensado sobre un molde.

Los ladrillos prensados incorporan en una o ambas tablas unos rebajes llamados **cazoletas.** La utilidad de este rebaje es la de poder albergar en la tabla un espesor de mortero suficiente que garantice la perfecta adherencia entre las piezas, evitando problemas de estanqueidad y resistencia, sobre todo al emplear llagas de espesores inferiores a 0,5 cm.

Nota

Cuando se deseen utilizar llagas verticales de poco espesor, existen en el mercado ladrillos para tal fin.

El ladrillo macizo es un material resistente que, si se fabrica de una forma adecuada y se limpia y se cuida con regularidad, puede durar cientos de años, como se puede comprobar en las construcciones mudéjares, medievales, etc. que aún hoy se conservan. No obstante, los agentes externos, la negligencia del hombre, la contaminación y la pérdida de mortero pueden provocar daños de consideración.

Por desgracia, en ocasiones se infligen daños aún mayores al emplear técnicas de limpieza inapropiadas, como la limpieza con chorro de arena o el empleo de productos ácidos, por lo que la limpieza y la conservación de los edificios han de llevarse a cabo por profesionales cualificados, con la formación y experiencia necesarios.

Paramento de ladrillo macizo conservado

Frente a esta situación, se hacen cada vez más habituales los proyectos de restauración, apoyados además por la actual legislación vigente, que han significado un aumento de la demanda de ladrillos macizos antiguos. Algunas de estas piezas se consiguen reciclándolas, pues un gran número de proveedores del sector de la construcción cuentan con stocks de ladrillos y tejas procedentes de edificios demolidos.

Palés de ladrillos reciclados

Por otro lado, hay un número cada vez menor de fabricantes especializados en ladrillos artesanales por encargo, que los cuecen aún a la antigua usanza. Estos ladrillos cuestan entre cuatro y cinco veces más que los ladrillos normales, pero sin duda tienen mejores características que los reciclados, y muchas veces son la única alternativa cuando se requieren ladrillos de cierta clase o dimensiones, imposibles de encontrar por otros medios.

La **naturaleza ignífuga** de los ladrillos macizos les hizo ganar popularidad como material para la construcción de fábricas de albañilería tanto a cara vista como revestidas. En una sociedad en la que la mayoría de las estructuras de las edificaciones se construían con madera (material con menor proceso de transformación pero mucho más volátil) y en la que los incendios arrasaban ciudades al completo, esta característica intrínseca de los ladrillos macizos los catapultó como material de construcción básico.

Nota

Este tipo de ladrillo macizo artesanal se ha abierto paso cada vez con más fuerza en los proyectos de nueva construcción donde, gracias a su peculiar textura y características, ha desbancado al ladrillo tradicional de fabricación industrial.

Ejecución de fábrica con ladrillo macizo a cara vista

La ejecución de las fábricas de ladrillo cara vista con el empleo de ladrillos macizos no difiere de la ya explicada de forma general para todos los tipos de ladrillos.

Actualmente el uso más empleado para los ladrillos macizos es en la ejecución de fábricas de estilo rústico en las que se combinan las hiladas realizadas con estos ladrillos con gruesas juntas de mortero de cemento, normalmente rehundidas, en color gris y con acabado tosco, lo que le confiere a toda la fábrica un aspecto lugareño y campestre muy apropiado para este tipo de arquitectura.

Especto final de una fábrica cara vista con ladrillo macizo

4. Aplantillado

Para la ejecución de determinados elementos constructivos, el empleo de ladrillos aplantillados se hace fundamental. La necesidad de recrear ciertas formas, como las empleadas en las cornisas de los tejados, o las representadas en la ornamentación de los huecos de puertas y ventanas, se hace muy difícil con el empleo de ladrillos tradicionales, por lo que su utilización está claramente justificada.

En la ejecución de estos elementos se emplean unos ladrillos excepcionales, fabricados con gran precisión, para los que la arcilla tiene que cribarse intensamente y, de esta forma, favorecer la pérdida de los componentes pétreos.

Llamamos ladrillo aplantillado a aquel cuyas tablas no son paralelas y presentan una convergencia que corresponde a la distribución radial de las dovelas a fin de conseguir tendeles de espesor uniforme que no podrían obtenerse a menos que se empleara ladrillos ordinarios y que generarían los siguientes inconvenientes:

- Un excesivo grueso del tendel por el trasdós. Este no debe superar, en ningún caso, los 20 mm y a su vez no debe ser inferior a 5 mm o 7 mm por el intradós pues, en caso contrario, sería fácil que se esportillase el ladrillo en el intradós al hacer el asiento el arco o la bóveda.
- En arcos fuertemente cargados se producen asientos irregulares y, por tanto, también en las fábricas sobre ellas situadas.
- En arcos de frente visto resulta antiestético un grueso no uniforme de los tendeles.

Así, en el siglo XIX este proceso se realizaba introduciendo los bizcochos de arcilla cocida en una caja guía y eran cortados con un arco de sierra guiado a su vez por unas plantillas que se colocaban a cada lado.

Hoy día los importantes avances realizados en la tecnología de fabricación de ladrillos, en continuo avance, posibilitan la elaboración de estas piezas de una forma mucho más industrializada y estandarizada, lo que reduce considerablemente su coste.

La única objeción que se podría poner a esta estandarización en la fabricación de ladrillos aplantillados es que actualmente es el proyectista el que ha de adaptarse a las piezas estandarizadas existentes en el mercado en la búsqueda de una ejecución menos costosa y más rentable, cuando en la antigüedad era el albañil el que adaptaba la pieza a colocar a la posición exacta del elemento constructivo.

Uno de los empleos más utilizados para este tipo de ladrillos es en la ejecución de dinteles curvados, en la coronación de puertas y ventanas. Estos dinteles se ejecutan con una cierta combadura para poder ajustar su forma cuando se construyera una pared encima.

Cornisa ejecutada con ladrillo aplantillado

Recuerde

Llamamos ladrillo aplantillado a aquel cuyas tablas no son paralelas y presentan una convergencia que corresponde a la distribución radial de las dovelas.

En la construcción de arcos y bóvedas, hay determinadas ocasiones en las que los ladrillos que constituyen las hiladas dovelas de los mismos no presentan sus cantos o testas perpendiculares al intradós de los mismos y se crea por ello un endentado que, en el caso de fábricas vistas, es de un discutible aspecto.

Para resolver esta circunstancia, sin tener que modificar la posición de las hiladas dovelas, se procede al escafilado del ladrillo, adaptándolo en su forma a la que el intradós defina.

El empleo de ladrillos aplantillados en la formación de dinteles permite la obtención de tendeles uniformes que, junto a las piezas escafiladas, consiguen la formación de las líneas del intradós y del trasdos rectilíneas, como exigen los arcos adintelados, por ejemplo.

Al igual que las piezas de ladrillo perforadas y macizas, la puesta en obra de estas piezas no difiere en gran medida de las ya definidas de forma general para las fábricas de albañilería cara vista. Sí es cierto que la colocación de estas piezas ha de realizarse por personal cualificado, que tenga siempre presente durante su ejecución la apariencia final que se pretende realizar.

Dintel con ladrillo aplantillado

5. Piezas especiales

En la ejecución de fábricas de ladrillo a cara vista, es necesario solucionar algunos encuentros constructivos. Para estas soluciones constructivas se hace fundamental la utilización de unas piezas especiales que, además de solventar el problema existente en estos puntos singulares, no rompan con la uniformidad de la fábrica cara vista.

Un claro ejemplo de puntos singulares para los que se hace necesario el empleo de piezas especiales son los **emparchados** tanto horizontales, cantos de forjados, como verticales, pilares.

En los emparchados, el espesor de la fábrica a cara vista se interrumpe por la existencia de un elemento estructural, forjados o pilares, para lo que se hace fundamental el uso de piezas con la misma textura de acabado superficial del resto de los ladrillos que forman el paño de fábrica pero con distinto espesor.

En épocas no muy alejadas en el tiempo, este problema se solventaba con la rotura de una pieza normal por su mitad o por su tercio, de forma que encajara perfectamente en la ubicación necesitada, estas piezas se obtenían mediante corte con radial o mediante golpeo en seco con la paleta por la zona necesitada. Esta práctica tenía algunos inconvenientes que se hacían fundamentales:

- Los cortes en obra, tanto con radial como por golpeo, aumentaban considerablemente las roturas de ladrillos en obra, aumentándose en demasía los desperdicios de material.
- La irregularidad en el corte, dejando piezas para el emparchado con gruesos distintos, afectaba también al aspecto final de la fachada.
- El rendimiento del operario de albañilería en el levantamiento de la fábrica a cara vista se reducía también considerablemente al tener que emplear mucho tiempo en la realización de los cortes exactos.

En esta situación, se originó la pieza de emparchado. Esta pieza viene ya de fábrica con una de sus caras vistas con el mismo acabado al del resto de la fábrica cara vista, pero con un espesor considerablemente menor, de forma que encaja perfectamente en el revestimiento tanto de forjados como de pilares.

El proceso de fabricación de ladrillos, totalmente industrializado y estandarizado hoy día, facilitó la ejecución de estas piezas, ahorrando por un lado la materia prima necesaria para fabricar una pieza completa que posteriormente en obra quedará en un tercio, y por otro, aumentando enormemente los rendimientos de los operarios de albañilería en la ejecución de las fábricas vistas.

Se representan a continuación piezas especiales de emparchado y la ejecución del emparchado de un canto de forjado en una fábrica a cara vista con ladrillo perforado hidrofugado.

Piezas de emparchado

Nota

No existe ninguna diferencia en las piezas de emparchado para elementos horizontales, forjados, o las empleadas en elementos verticales, pilares.

Encuentro de fábrica vista con forjado y pilar

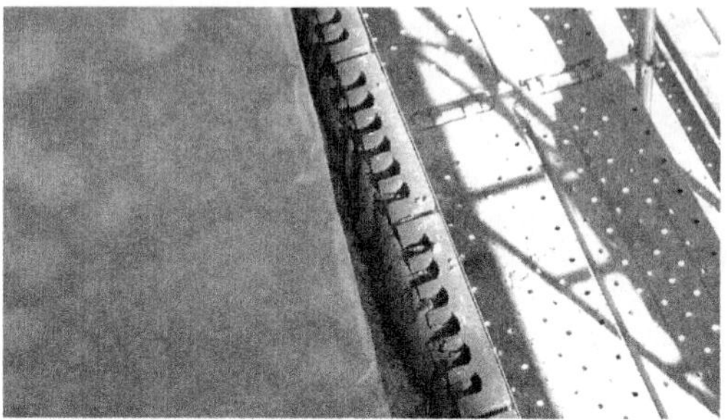

Emparchado ejecutado

Para la realización de **encuentros en esquina o en ángulos de distinta apertura** se han creado también una gran variedad de piezas especiales encaminadas a solventar este inconveniente constructivo, cubriendo de esta manera cualquier necesidad tanto ornamental como funcional.

Consejo

Antes de la ejecución de una fábrica a cara vista que conlleve piezas singulares, conviene asesorarse en la fase de proyecto de la edificación con el fabricante de ladrillos, ya que, actualmente, se puede fabricar cualquier pieza especial o de remate a medida en cualquiera de los acabados existentes en el mercado.

Las piezas especiales en encuentros difieren en función del fabricante de ladrillos, pudiéndose encontrar en la mayoría de ellos esquinas exteriores a 60º, 100º, 120º y 135º e interiores también a 135º.

Ejemplo de encuentro en esquina

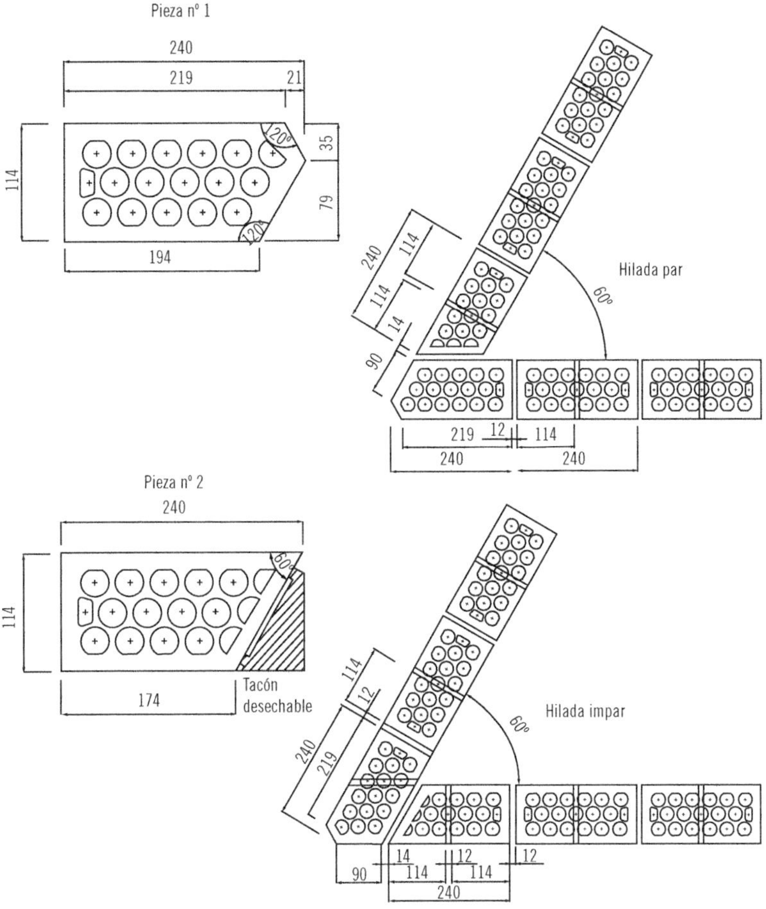

Otro punto singular a solucionar técnicamente con el empleo de piezas especiales son los dinteles de ventanas y puertas. Para estos se emplean piezas, según cada fabricante pueden diferir, con las que se le da solución a estos puntos.

Las piezas especiales de **dintel,** existentes en diferentes anchos en función del espesor de la fábrica de albañilería, se emplean en coordinación con varillas de acero corrugado de 6, 8, 10 o 12 mm de diámetro, hormigonadas en toda su longitud.

Piezas especiales de dintel

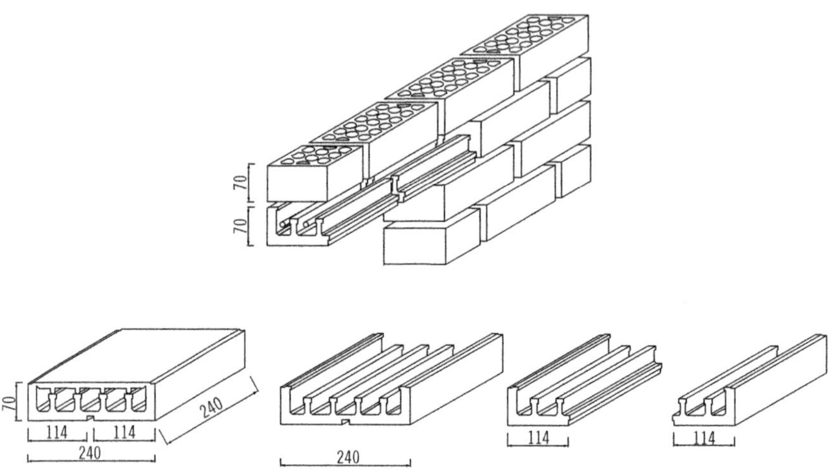

Además de las piezas especiales existentes para encuentros de esquina o dinteles, en la ejecución de fábricas de ladrillo a cara vista se hace necesaria la utilización de otros elementos auxiliares que permitan una correcta ejecución.

Estos complementos son elementos auxiliares cuya función es la de trabar o ligar las dos hojas o paramentos diferentes de una fábrica de ladrillo. Con su uso se consigue mejorar la estabilidad del muro.

Nota

Existe gran variedad, atendiendo tanto a la forma como al material (metálicas con tratamiento galvánico, revestimiento plástico etc.).

Las utilizadas en las juntas de movimiento tendrán uno de sus extremos recubierto por una funda de plástico, para evitar su adherencia con el mortero y así poder permitir el movimiento horizontal en el plano del muro.

Cuando se quieran conectar los dos tramos de la hoja exterior con la interior, se utilizarán llaves en forma de T, con ambos extremos recubiertos.

El tipo de llave a emplear debe ser especificado en el proyecto, debiendo seguir las indicaciones de colocación.

La posición de las llaves, así como su cuantía, dependerá directamente de su función, quedando estas correctamente especificadas en el proyecto.

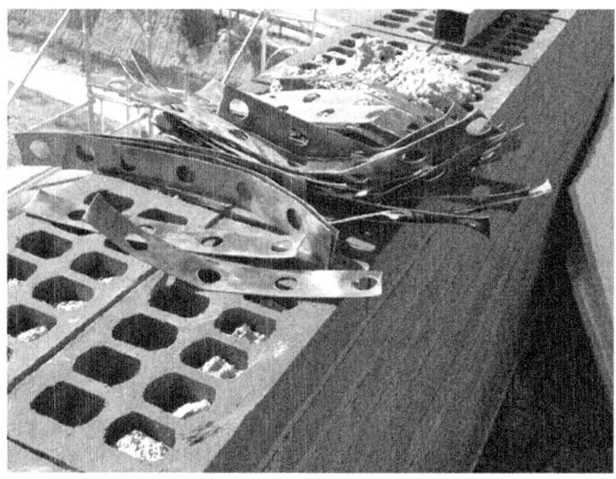

Llaves de acero galvanizado

Aplicación práctica

Indique qué tipos de ladrillos son los representados en las siguientes imágenes y exprese una ventaja de la utilización del de la derecha:

SOLUCIÓN

Una ventaja de usar el perforado es que su comportamiento ante el agua de lluvia es mejor que el del resto.

---

6. Resumen

Se han definido en el presente capítulo la construcción de paramentos de ladrillo a cara vista con el empleo de piezas perforadas, macizas y aplantilladas, comenzando por un primer bosquejo histórico de cada pieza y continuando con la determinación de las características y usos generales de las mismas.

En la parte final del capítulo, se han definido piezas especiales empleadas en el levantamiento de fábricas a cara vista, como son las utilizadas en emparchados de forjados y pilares, en la resolución de encuentros de fábricas y en la solución de dinteles en huecos, haciendo hincapié en el uso de llaves para el trabado de fábricas vistas.

Ejercicios de repaso y autoevaluación

1. **Indique cuál de las siguientes características no es correcta en relación a los ladrillos perforados en su comparación con los macizos:**

   a. Menor peso.
   b. Menor coste de fabricación.
   c. Las mismas características técnicas.
   d. Todas las opciones son correctas.

2. **En las fábricas a cara vista, la limpieza realizada con diversos métodos puede dañarla considerablemente. Indique cuál de las siguientes respuestas no es uno de estos métodos erróneos de limpieza.**

   a. Limpieza a chorro de arena.
   b. Limpieza con productos ácidos.
   c. Ejecución por profesionales cualificados.
   d. Ejecución por operarios ordinarios.

3. **Indique si la siguiente afirmación es verdadera o falsa y, en caso de ser falsa, indique la respuesta correcta.**

   Los dinteles curvados se ejecutan con una cierta combadura para poder ajustar su forma cuando se construya una pared encima.

   ☐ Verdadero
   ☐ Falso

4. **¿Qué inconvenientes trae la realización de piezas de emparchado en obra? Indique la respuesta incorrecta.**

   a. Se aumentan los desperdicios de material en obra.
   b. Se aumenta el rendimiento de los operarios.
   c. Se reduce el rendimiento de los operarios.
   d. La irregularidad en los cortes afecta al aspecto final de la fábrica.

5. Indique si la siguiente afirmación es verdadera o falsa y, en caso de ser falsa, indique la respuesta correcta.

La ejecución de forma general de fábricas a cara vista con piezas macizas, perforadas o aplantilladas difiere considerablemente en función de la pieza empleada.

- ☐ Verdadero
- ☐ Falso

Capítulo 5

Construcción de elementos singulares

Contenido

1. Introducción

En el presente capítulo se estudiará la ejecución de diferentes elementos singulares de la edificación en distintos ámbitos de la misma, como los que se dan en la ornamentación de huecos (dinteles adovelados, arcos, alféizares), en la solución de aleros de cubiertas (cornisas), en la ornamentación de fachadas (impostas), en la coronación de muros (albardillas), en la ejecución de escaleras (peldaños) y en la realización de otros remates y molduras singulares.

Veamos, pues, los distintos elementos singulares que nos podemos encontrar en una edificación.

2. Dinteles adovelados

Los dinteles son aquellos elementos que se colocan horizontalmente sobre los huecos practicados para puertas y ventanas y absorben los esfuerzos superiores.

Los dinteles se apoyan en sus extremos para soportar las cargas superiores al espacio del hueco, que son trasmitidas a las partes macizas laterales.

La carga del dintel se trasmite a los laterales por efecto del arco parabólico de descarga, formado en la pared sobre el hueco. Se considera la carga real como la suma del peso del muro, situado a una altura 0,6 veces el ancho del hueco, sumando los forjados y cargas aisladas, ubicadas a una altura igual al ancho del hueco. Si es muy estrecho el muro a los costados del hueco, debe contrarrestarse la componente horizontal producida por el arco de descarga.

Nota

Desde el punto de vista estructural, el dintel trabaja como viga o jácena, pues soporta los esfuerzos de flexión que afectan a las tracciones y compresiones de una misma sección.

El apoyo de los dinteles en las jambas debe ser suficientemente ancho como para poder absorber los esfuerzos trasmitidos. La longitud de apoyo en la fábrica de ladrillo macizo o perforado tendrá un mínimo de 12 cm, mientras que en fábricas realizadas de ladrillo hueco, será de 20 cm como mínimo.

Los materiales más empleados para la ejecución de dinteles serán acero, hormigón y el sistema de fábrica armada. Este último es otra forma de soportar las cargas con el mismo material cerámico y aparejos del resto del paño de fachada.

Este sistema de fábrica armada se realiza colocando unas armaduras (de acero inoxidable generalmente) en las juntas horizontales, entre los ladrillos, calculando las hiladas donde irán en función de las cargas a soportar. Este refuerzo trabaja como un dintel.

En los dinteles adovelados, esta solución puede ejecutarse también con la utilización de las dovelas. Estas piezas, en forma de cuña y en número impar, compondrán el dintel, disponiéndose en el interior de la armadura necesaria oculta en las juntas horizontales.

En los dinteles adovelados las piezas en forma de cuña prefabricadas se dispondrán sobre un entablado previo perfectamente nivelado, aplomado y apuntalado de forma que estas piezas incrusten en las jambas el apoyo mínimo necesario y, posteriormente, se hormigonarán con la armadura de refuerzo de acero introducida. La pieza central, denominada **clave,** será la última en instalarse antes de la colocación de la mencionada armadura de refuerzo.

Dintel adovelado de piedra

3. Arcos

Un arco es una fábrica en forma de arco, que cubre un vano entre dos pilares o puntos fijos. En general, todos los tipos de arcos en sus distintas organizaciones constructivas requieren, para su ejecución, del uso de cimbras.

Las cimbras, que suelen construirse de madera o metálicas, son elementos estructurales de carácter provisional, que en casos complejos requerirán ser calculados para poder desempeñar su función con garantías.

Están constituidas por cerchas que se unen mediante el entablado, que dan lugar a la superficie de apoyo de las hiladas dovelas. Este conjunto se sostiene mediante el apeo formado, generalmente, por pies derechos que descansan sobre durmientes encargados de repartir las cargas sobre el terreno o el plano de apoyo.

Definición

Cercha

Es un conjunto de piezas por lo general de forma triangular articuladas de tal modo que integran un sistema indeformable, preparado para transmitir a los apoyos toda la carga que recibe.

El apoyo de los pies derechos sobre los durmientes ha de hacerse mediante cuñas, gatos o cajas de arena para permitir el descimbrado lentamente y no producir la brusca puesta en carga del arco.

Una vez rematado el arco, debe aflojarse un tanto la cimbra para que las hiladas dovelas se aprieten y sujeten (acuñen) entre sí.

Aflojadas las cimbras lo necesario para el ajuste de las hiladas, deben dejarse colocadas hasta que la fábrica haya alcanzado la resistencia prevista y se hayan ejecutado las fábricas que descansan sobre el arco.

Dado que el apriete de las hiladas entre sí provoca un ligero descenso de la clave del arco, es conveniente peraltar ligeramente las cimbras para compensar tal descenso.

Definición

Peraltar
Significa dar a la curva de un arco, bóveda o armadura más altura de la correspondiente al semicírculo.

Arco de ladrillo macizo rústico

En función de la organización constructiva, los arcos podrán clasificarse en los siguientes tres tipos: aparejado, de roscas y tabicado. Además, independientemente de su forma de ejecución, según su trazado existen numerosos tipos de arcos:

- Rectilíneos (adintelados, angulares, angulares truncados, poligonales y en zig-zag).
- Circulares (escarzano, rebajado, de medio punto, árabe o de herradura y de medio punto peraltado).
- Carpaneles (de tres, cinco, siete o más centros).
- Elípticos y parabólicos.
- Apuntados (ojivales, trespuntados, apuntados de herradura y el arco escocés o en gola).
- Lanceolados, rampantes, conopiales, angrelados y de inflexión.

4. Cornisas

La cornisa es la parte superior y más saliente de una edificación. Tiene como función principal evitar que el agua de lluvia recogida en la cubierta incida directamente sobre el muro o se deslice por el mismo, además de servir de remate del edificio.

En la arquitectura clásica, forma parte del entablamento, y está compuesta de varias molduras. Se distinguen dos tipos:

- De cincha (rodea el edificio marcando la división entre las plantas).
- Denticulada (decorada por dentículos o sustentada por modillones).

La cornisa, además de sus funciones prácticas, históricamente ha representado una pieza clave como decoración arquitectónica. En la construcción moderna, la cornisa se realiza utilizando los nuevos métodos que ofrecen los modernos materiales mediante moldes de poliestireno expandido, que son colocados como parte de los encofrados para verter hormigón en el conjunto.

La ejecución de las cornisas de ladrillo cara vista se ejecutará volando cada una de las hiladas de ladrillo sobre la anterior aproximadamente entre 5 cm y 1/3 de la soga de la pieza.

La variación en la posición de las piezas de ladrillos entre las distintas hiladas, alternando hiladas a tizón y oblicuas, mejora el aspecto de la cornisa considerablemente, dándole mayor esplendor a la fachada de la edificación.

Consejo

Es recomendable, en cornisas en las que la distancia entre el punto final de la misma y la línea de fachada es considerable, el hormigonado de todo el conjunto y su conexión con el forjado de apoyo de la cubierta previo a la posterior formación de pendientes de la cubierta.

Cornisa de ladrillo visto

5. Impostas

Una imposta es una faja o moldura horizontal, algo voladiza sobre la línea de fachada, en la que se asienta un arco o una bóveda.

También se denomina imposta a la faja que corre horizontalmente en las fachadas de los edificios, normalmente a la altura de los diversos pisos, aunque también pueden ejecutarse en medio del paño entre forjados (como se muestra en la siguiente imagen) y que le confiere a la fachada mayor esplendor.

El empleo de una línea de imposta previa a la ejecución de la cornisa del alero de cubierta es muy habitual en nuestra arquitectura, ayudando a mejorar la riqueza de la fachada con esta combinación de elementos constructivos.

Imposta de ladrillo visto

La ejecución de impostas de ladrillos en las fábricas a cara vista se consigue con el vuelo de la hilada inicial que compone la imposta sobre la línea de fachada, manteniendo el mismo durante la ejecución de este elemento constructivo y volviendo a la línea de fachada original al finalizar la imposta.

Es muy frecuente, en fábricas de ladrillo cara vista ejecutadas con un tipo de aparejo definido, modificar dicho aparejo en la imposta o colocar los ladrillos de forma vertical ú oblicua, resaltando de esta forma sobre el resto del paramento de fábrica.

En la ejecución de impostas en la mitad de los paramentos de fachada, la línea horizontal creada en la parte superior de la misma puede producir la estancación de agua o almacenamiento de la misma, llegando a producir problemas por humedad. Para la solución de esta patología pueden emplearse planchas de zinc o de plomo de 1,5 a 3 mm de espesor con pendiente hacia el exterior, aunque bastará con tratar la junta de unión vertical dejándola con evacuación hacia el exterior de la posible agua de lluvia que corra por la fachada hacia abajo.

Nota

En las impostas de cubierta, este problema no se da, al quedar perfectamente protegida la imposta con la cornisa del alero de cubierta.

6. Albardillas

La albardilla es un caballete o tejadillo que se pone en los muros para que el agua de la lluvia no los penetre ni resbale por los paramentos. Este es un punto delicado por ser la coronación del muro y encontrarse en una posición muy expuesta a los agentes atmosféricos. Se dispondrán los elementos de protección necesarios para evitar el aporte excesivo de agua sobre la fachada. Estos elementos generalmente serán albardillas que volarán 4 cm aproximadamente a ambos lados del muro, debiendo ir provistas de goterones, tanto hacia la fachada como hacia el interior. Su diseño permitirá una rápida evacuación del agua evitando zonas de embalse, siendo recomendable incluir algún sistema de drenaje para la junta que se produce entre las piezas.

Detalle de alabardilla

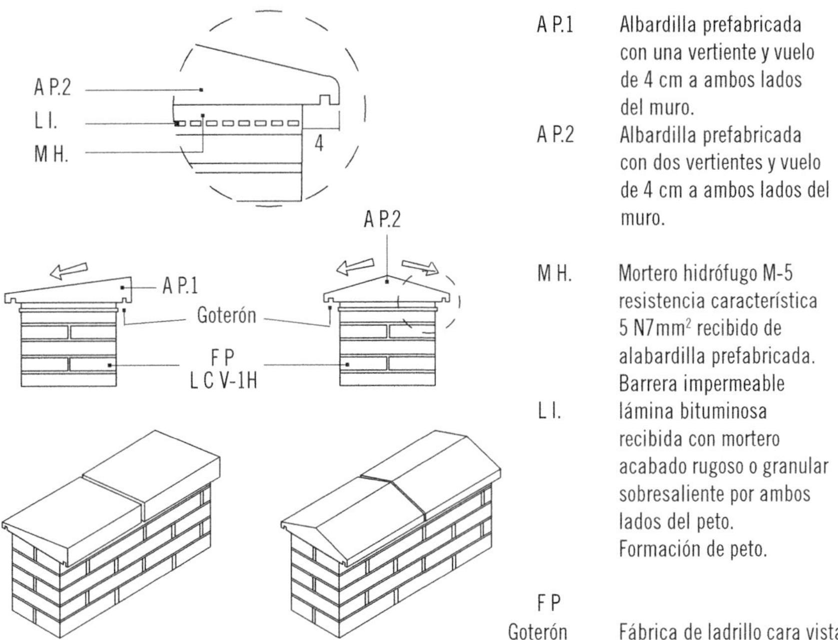

Las albardillas pueden ser de diferentes materiales, debiendo prestar especial atención cuando sean metálicas y de gran longitud, ya que debido a su coeficiente de dilatación, las soluciones constructivas deben tener en cuenta este aspecto. Las realizadas de albañilería se resolverán mediante el empleo de piezas especiales fabricadas para este fin.

Se recibirán con mortero hidrófugo y estarán perfectamente alineadas unas con otras, respetando siempre las juntas de movimiento previstas en la fachada.

Al ser elementos de protección discontinuos, el agua puede filtrarse a través de las uniones. Por este motivo, se deben sellar las juntas o disponer una lámina impermeable con un acabado rugoso o granular, recibida con mortero, y situada entre la albardilla y la fábrica de ladrillo, sin que la estabilidad de la albardilla se vea perjudicada. El material impermeable debe sobresalir hacia ambos lados del muro, garantizando de esta manera que no se producirán filtraciones de agua a través del mortero.

Es práctica habitual ejecutar la albardilla con ladrillos colocados a sardinel. En este caso los ladrillos se recibirán con mortero hidrófugo y junta enrasada, colocándose con la inclinación necesaria para evitar que el agua pueda quedar embalsada causando la aparición de cualquier tipo de patología.

Recuerde

La albardilla no es un mero elemento decorativo, expulsa el agua de la coronación del muro y la aleja de los paramentos.

7. Alféizares

El alféizar es la pieza horizontal que corona el muro de antepecho (parte maciza inferior del hueco de una ventana).

El antepecho se levanta desde el piso y exteriormente muestra la parte frontal inferior de una ventana. Por lo general, se realiza de los mismos materiales que el resto del muro exterior, y tiene un acabado especial en el alféizar, que suele poseer una pieza vierteaguas.

Detalle de alféizar

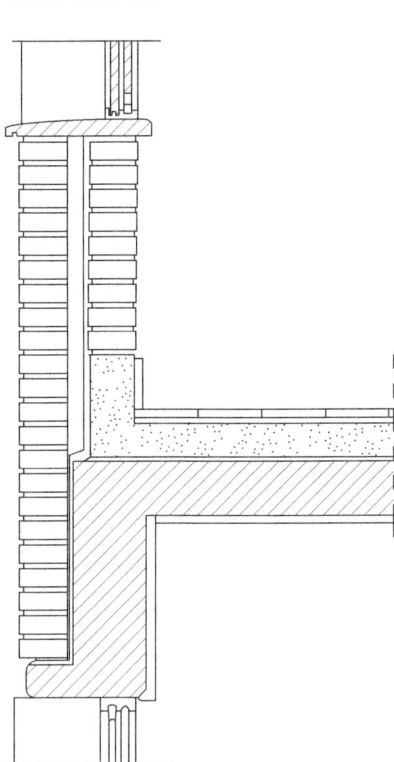

El alféizar expulsa las aguas de lluvia hacia el exterior, impidiendo que la misma ingrese al interior. Del mismo modo, evita que el polvo depositado en las partes horizontales superiores con agua produzca los chorreados en la fachada, degradando los materiales o la pintura exterior.

Para que el alféizar funcione correctamente, se coloca con pendiente (aproximadamente el 10 %) de manera que el ángulo permita el buen escurrimiento. También se utiliza para este efecto la colocación de una pieza especial, con doble goterón en su parte inferior, para que permita una discontinuidad en el recorrido de las aguas.

Si para la ejecución del alféizar se utilizan ladrillos cerámicos macizos de acabado manual, como tienen mucha porosidad, es conveniente colocar bajo los mismos una lámina impermeabilizante para evitar la aparición de filtraciones de humedad del lado interior.

Detalle de impermeabilización de alféizar

Nota

Hay que destacar de esta imagen que lo que se está aplicando como impermeabilización es pintura de caucho, a la que es imprescindible espolvorear arena antes del secado para que el mortero del alféizar tenga adherencia, si la impermeabilización se realiza con tela asfáltica esta debe ser con acabado granular por esta misma razón.

En la ejecución de este elemento constructivo se ha de tener gran precaución en la unión de la pieza de alféizar con las jambas laterales, prestando especial atención a este sellado. El Código Técnico de la Edificación, en su Documento Básico HS-1, establece como dimensión mínima de empotramiento de la pieza de alféizar en las dos jambas laterales 2 cm, solventando de esta manera todo problema de unión.

Hay que destacar en este aspecto como buena práctica constructiva el dotar al alféizar en esta zona de entrega en las jambas de goterón para evitar de esta manera la aparición de manchas laterales en la fachada de la edificación provocadas por la evacuación de las aguas de este elemento.

8. Peldaños

El peldaño es uno de los dos componentes diferenciados en la ejecución de una escalera. Con este elemento se comunicarán dos plantas consecutivas de una misma edificación, salvando el desnivel existente entre ambas plantas.

Las escaleras se diseñan dentro de ciertas normas establecidas en las ordenanzas de la construcción para ofrecer comodidad y seguridad a quienes las transitan. Forman parte, junto con ascensores, montacargas, escaleras mecánicas y rampas, del grupo de estructuras y elementos que sirven para las comunicaciones verticales en los edificios.

Se definen a continuación algunos de los términos más usuales para la enunciación de un peldaño:

- **Tabica:** diferencia de altura entre dos peldaños consecutivos o entre estos y un descansillo.
- **Huella:** se denomina huella a la parte horizontal del peldaño.
- **Escalón:** superficie de apoyo y elevación, elemento para pasar de un nivel a otro, se compone de huella y contrahuella.
- **Vuelo:** parte del escalón que sobresale por su canto anterior a fin de lograr mayor superficie de pisada. El vuelo máximo puede ser de 4 cm, ya que tal elemento sobresalido puede ocasionar tropiezos al usuario.
- **Zanca:** elemento resistente, cada una de las vigas que sirven de soporte sobre el cual descansan los escalones de cada tramo de la escalera.

Nota

El vuelo no se considera en el cálculo de pendientes ni en la relación huella/contrahuella.

Detalle de peldaños de ladrillo exteriores

Para la ejecución de un correcto peldañeado, ha de tenerse especial cuidado con la pendiente de la escalera, de forma que el trazado final configure una escalera cómoda y segura. Para el trazado de escaleras, se adopta como norma general una huella extensa en pendientes poco pronunciadas. En cambio, en subida empinada, se realizan huellas mas cortas.

Las relaciones de huella/contrahuella de un peldaño en escaleras de tránsito habitual estará entre 19/25 y 18/27. En el interior de viviendas unifamiliares se puede llegar a 45° de inclinación con medidas de contrahuella/huella de 20/20 a 25/25.

Nota

Solo en zonas de poco tránsito tales como accesos a desvanes o a sótanos.

La normativa DB-SU del CTE indica en su apartado 4.2.1 que los peldaños en los tramos rectos una huella mínima de 28 cm. En tramos rectos o curvos, la contrahuella medirá 13 cm como mínimo, y 18,5 cm como máximo, excepto en zonas de uso público, así como siempre que no se disponga ascensor como alternativa a la escalera, en cuyo caso la contrahuella medirá 17,5 cm como máximo.

Según el DB-SU del CTE, la huella H y la contrahuella C de un peldaño cumplirán a lo largo de una misma escalera la siguiente relación:

$$54 \text{ cm} \leq 2C + H \leq 70 \text{ cm}$$

Por razones de seguridad, se recomienda que la relación existente entre huella y contrahuella se mantenga igual en todo el recorrido de la escalera, ya que el usuario realiza ese avance escalonado (tanto el ascenso como el descenso) con cierto automatismo y equilibrio definido por la pendiente. Si se modifica cualquiera de sus dos dimensiones (H /C), trastabilla y pierde el equilibrio, pudiendo caer.

A continuación, se indican las proporciones más usuales en los peldaños en función del destino de la escalera:

- Escaleras al aire libre y en jardines: entre 14 y 16 cm.
- Escaleras principales en viviendas: entre 17 y 18 cm.
- Escaleras para teatros, cines, edificios públicos: entre 16 y 17 cm.
- Escaleras de servicio: 20 cm como máximo.
- Escaleras a desvanes, altillos o sótanos: 22 cm como máximo.

Para una correcta construcción de una escalera, el replanteo y trazado previo de la misma es fundamental, siendo necesario en ocasiones incluso su trazado previo apoyándose en superficies auxiliares situadas para tal fin.

9. Otros remates y molduras singulares

La ejecución de elementos singulares en fábricas de ladrillo cara vista no se limita a los tratados en el presente capítulo ya que con esta técnica pueden realizarse chimeneas, balaustradas, etc. Un acabado singular en la realización de fachadas a cara vista es la realización de motivos ornamentales en los paños de un muro con la colocación de piezas voladas y remetidas de la línea de fachada formando dibujo.

Esta ornamentación mural provocada por el rehundido o resaltado de las piezas de ladrillo que componen la fábrica resistente constituye un paramento vibrante, no es anormal encontrar los motivos rombales en la ejecución de estos tipos de fábricas.

Para la ejecución de estos tipos de paramentos es fundamental la existencia de un buen estudio arquitectónico de la fábrica a ejecutar, así como disponer de operarios perfectamente cualificados y con mucha experiencia en grandes trabajos de albañilería a cara vista. De lo contrario, el efecto ornamental buscado puede no conseguirse y estropear completamente una fachada.

Aplicación práctica

Se encuentra al frente de la ejecución de una vivienda unifamiliar. En estos momentos la fase de estructura se está finalizando y en breve se iniciarán los trabajos de cerramiento de fachada.

Debe realizar el pedido de piezas de ladrillo tosco con el que se ejecutarán los dinteles, impostas, cornisas, alféizares, arcos y albardillas. Los ladrillos irán a rosca en todos los elementos menos en la cornisa, que se dispondrán en tres hiladas, la primera y la última, a tizón, y la intermedia, oblicua.

Continúa en página siguiente >>

<< Viene de página anterior

Dispone del plano de alzado de fachada de la vivienda acotado y además sabe que las piezas que le va a servir el almacén son de 4 cm de ancho y llevan una junta de mortero de 1 cm.

Deberá analizar el plano y calcular la cantidad de piezas de ladrillo por elemento constructivo y totales, estimando en un 10 % las pérdidas producidas por roturas.

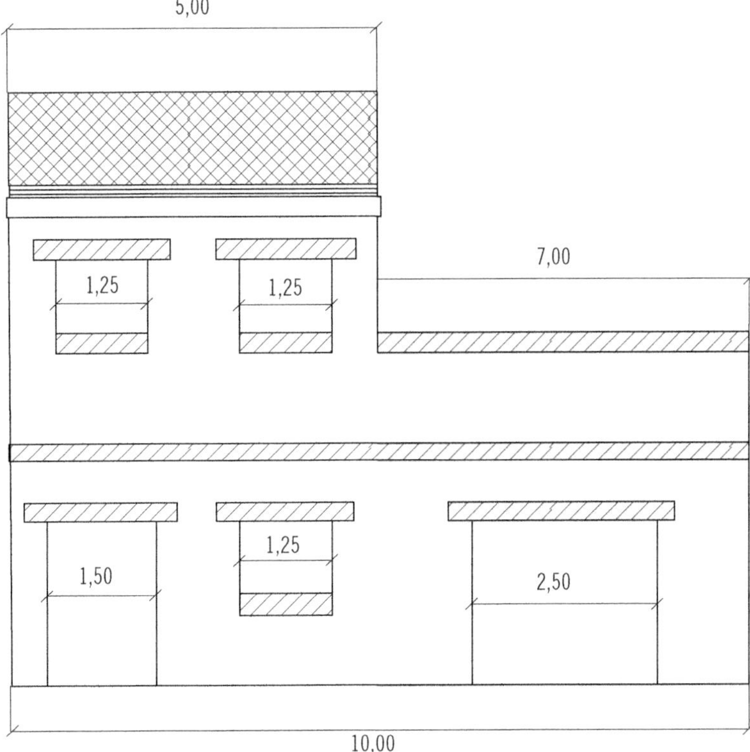

Continúa en página siguiente >>

<< Viene de página anterior

SOLUCIÓN

- Lo primero que se debe detectar es que la cota de la zona superior derecha es incorrecta, siendo la correcta 5 m.

- Dinteles:

  - Ventanas: 3 x (1,25 + 0,30 + 0,30) = 5,55 m
  - Puertas: (1,50 + 0,30 + 0,30) + (2,50 + 0,30 + 0,30) = 5,20 m
  - Total: 10,75 m / 0,05 m = 215 x 1,10 = 237 unidades

- Alféizares:

  - Ventanas: 3 x 1,25 = 3,75 m
  - Total: 3,75 m / 0,05 m = 75 x 1,10 = 83 unidades

- Impostas:

  - Intermedia + cubierta = 15 m / 0,05 m = 300
  - Total: 300 x 1,10 = 330 unidades

- Albardilla:

  - Terraza = 5,00 / 0,05 = 100 x 1,10 = 110 unidades

- Cornisa

  - Cubierta = 5,00 / 0,125 = 40 x 3 hiladas = 120
  - Total: 120 x 1,10 = 132 unidades

  SUMA TOTAL = 892 unidades

---

10. Resumen

Se ha tratado en este capítulo sobre la ejecución de diversos elementos singulares tan necesarios en el levantamiento de una fábrica de ladrillo a cara vista no sólo definiéndolos sino también dando pautas para una correcta ejecución.

Los dinteles son aquellos elementos que se colocan horizontalmente sobre los huecos practicados para puertas y ventanas y absorben los esfuerzos superiores.

Un arco es una fábrica en forma de arco, que cubre un vano entre dos pilares o puntos fijos.

La cornisa es la parte superior y más saliente de una edificación y tiene como función principal evitar que el agua de lluvia recogida en la cubierta incida directamente sobre el muro o se deslice por el mismo.

Una imposta es una faja o moldura horizontal, algo voladiza sobre la línea de fachada, en la que se asienta un arco o una bóveda.

La albardilla es un caballete o tejadillo que se pone en los muros para que el agua de la lluvia no los penetre ni resbale por los paramentos.

El alféizar es la pieza horizontal que corona el muro de antepecho (parte maciza inferior del hueco de una ventana).

El peldaño es uno de dos componentes diferenciados en la ejecución de una escalera.

Ejercicios de repaso y autoevaluación

1. **¿Cuántas dovelas conforman un dintel adovelado?**

   a. Ocho.
   b. Un número impar.
   c. Un número par.
   d. Ninguna de las opciones es correcta.

2. **¿Qué es una cimbra?**

   a. Uno de los elementos de un arco.
   b. Una estructura auxiliar y provisional de montaje.
   c. Un utensilio de albañilería.
   d. Ninguna de las opciones es correcta.

3. **¿Cuánto han de volar las piezas de ladrillo visto que componen una cornisa?**

   a. Nada.
   b. Entre 15 y 20 cm.
   c. Entre 10 y 15 cm.
   d. Entre 5 cm y 1/3 de la pieza.

4. **¿Qué espesor tendrán las planchas de plomo o zinc que se disponen en las impostas para protegerlas de entradas de agua de lluvia?**

   a. Entre 1,5 y 3 mm.
   b. 2 mm.
   c. Entre 2 y 4 mm.
   d. 1 cm.

5. **Indique si la siguiente afirmación es verdadera o falsa y, en caso de ser falsa, indique la respuesta correcta.**

   Para que un alféizar funcione correctamente, se debe colocar con pendiente (aproximadamente el 10 %) de manera que el ángulo permita el buen escurrimiento del agua.

   - ☐ Verdadero
   - ☐ Falso

Capítulo 6

Construcción con piezas especiales

Contenido

1. Introducción

La ejecución de fábricas a cara vista empleando piezas especiales para la solución de distintos puntos singulares de la misma es cada vez más utilizada.

El empleo de piezas especiales para la solución de dinteles en huecos, de albardillas en la coronación de muros o de alféizares en los antepechos de ventanas y huecos se está extendiendo con gran rapidez debido a la importancia del punto singular, por su exposición a los agentes externos y, además, por el ahorro de tiempo conseguido en su ejecución, lo que reduce por extensión el coste total de la fábrica a cara vista.

El capítulo que a continuación se desarrolla está centrado en la ejecución de elementos singulares en las fábricas de ladrillo a cara vista mediante la utilización de piezas especiales para su realización.

2. Dinteles

El dintel de un hueco en la ejecución de fábricas a cara vista es uno de los elementos más difíciles de ejecutar. Para su realización es corriente la utilización de piezas especiales que sirvan como apoyo de los ladrillos de la fábrica que lo compongan.

En las fábricas a cara vista, la homogeneidad en el aspecto final del paramento es fundamental. Es por ello que la utilización de piezas especiales prefabricadas debe realizarse de una forma concienzuda, de manera que no se rompa la uniformidad de la fachada.

El mantenimiento del aparejo empleado en la ejecución de la fábrica a cara vista o la realización de los dinteles de una forma diferenciada con respecto a la apariencia del resto del paramento es una de las principales condiciones a tener en cuenta cuando se plantea la utilización de piezas especiales. El empleo de piezas de acero laminado en caliente (como pletinas o ángulos) puede, por ejemplo, compaginarse con una ejecución homogénea de la fábrica. En cambio, el uso de piezas cerámicas especiales de dintel en forma de U romperá con el aparejo llevado a cabo en la fábrica en todo el elemento constructivo.

Tipo de ejecución de dinteles con ladrillo cara vista

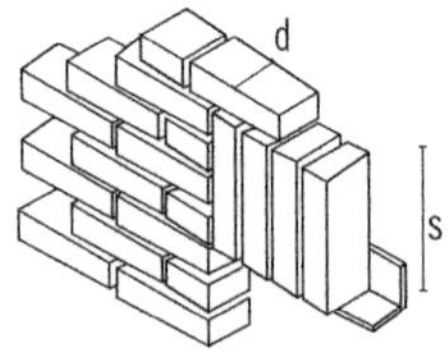

dintel a sardinel
con perfil metálico
s= soga d= 1 tizón = 1 pie

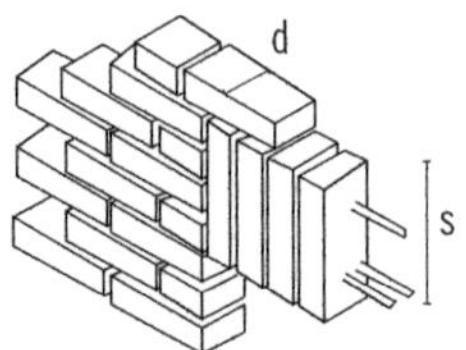

dintel a sardinel
con fábrica armada
s= soga d= 1 tizón = 1 pie

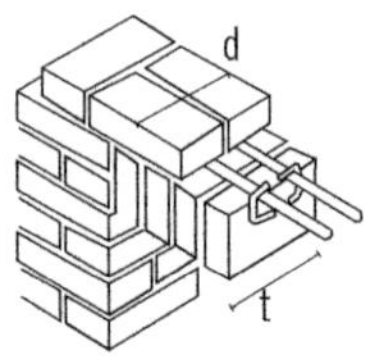

dintel a tizones
con fábrica armada
t= tizón d= 2 tizón +1j= 2 pie

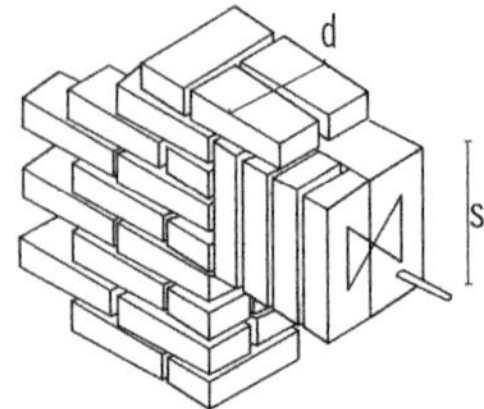

dintel a sardinel
con fábrica armada
s= soga d= 2 tizón +j= 2 pie

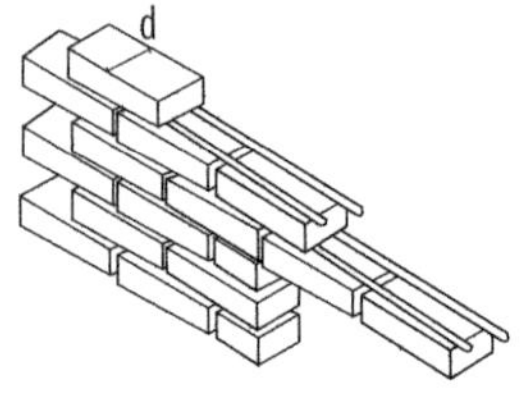

dintel a sogas
con fábrica armada
t= tizón d= 2 gruesos

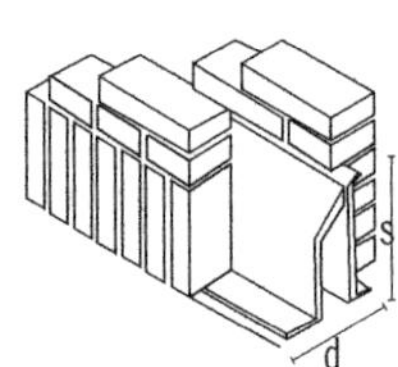

dintel a sardinel
con dintel prefabricado
s= sardinel d= 2 tizón+1cámara

Recuerde

El dintel de un hueco en la ejecución de fábricas a cara vista es uno de los elementos más difíciles de ejecutar.

También, otro de los aspectos a tener en cuenta en la elección de un tipo de pieza especial para la ejecución de un dintel es la solicitación a la esté sometido, variando dicha solicitación dependiendo de si el muro que descansa sobre él tiene capacidad portante o es únicamente de cerramiento.

Existen diferentes soluciones y materiales para formar un dintel, tales como prefabricados de hormigón armado, perfiles metálicos, cerámicos armados, etc. Hay que destacar que el ladrillo visto aporta varias soluciones para formar el dintel con ladrillos aparejados, dando un aspecto estético de continuidad:

- A **sardinel,** bien con sus caras inclinadas buscando una mayor capacidad de transmisión de esfuerzos a los laterales, o con sus caras planas utilizando la armadura interior necesaria.
- A **sogas y tizones,** en sus diferentes combinaciones, empleando algún tipo de armadura interior.

Cuando se emplee un perfil metálico auxiliar para formar el dintel, este debe estar protegido contra la corrosión, y los ladrillos tienen que apoyarse al menos en 2/3 de su anchura. Cuando estos perfiles no van colgados de la estructura sino que van apoyados en los laterales de la fábrica, las juntas producidas estarán en línea con las del resto del muro y deberán ser del mismo espesor.

Nota

Esto ocasiona un problema que se soluciona cortando ligeramente los ladrillos no más de los 2/3 de apoyo necesario.

Se deberán tener en cuenta las dilataciones de los diferentes materiales que constituyen el dintel, que pueden causar fisuras.

En las fábricas de cerramiento de dos hojas, se suele emplear un dintel para la hoja exterior y otro para la interior. En el caso de que el hueco tenga que alojar una caja para la persiana, es habitual que esta continúe hasta el forjado, no siendo necesario el empleo del dintel interior.

Actualmente se encuentra muy extendido (sobre todo en construcción residencial) la realización de los dinteles mediante el empleo de armadura de acero galvanizado interpuesta entre las hiladas horizontales de ladrillo. Dicha armadura metálica deberá ocupar la totalidad de la anchura de la fábrica en la que se ejecute el dintel para una correcta transmisión horizontal de las cargas a ambas jambas laterales. Esta solución puede denominarse como **fábrica armada.**

Por último, destacaremos la utilización muy a menudo de dinteles prefabricados, tanto de hormigón como cerámicos. Los primeros se ejecutan de una sola pieza apoyados sobre las jambas laterales del hueco, mientras que los segundos se componen de piezas prefabricadas cerámicas en forma de U en las que se introducirán barras de acero corrugado conformando la armadura y, posteriormente, se rellenarán de hormigón componiendo un dintel de hormigón armado en el interior de las piezas cerámicas.

Ventana con dintel de ladrillo cara vista

3. Albardillas

Para la ejecución de albardillas, el empleo de piezas especiales prefabricadas de hormigón, cerámicas, de piedra artificial o natural (caliza, mármol, etc.) está muy extendido.

Las piezas de albardilla sirven como protección ante el agua de lluvia de los pretiles de cubierta, por lo que deben estar dotadas de una pequeña pendiente en su cara exterior que ayude a evacuar hacia fuera el agua de lluvia.

Albardilla prefabricada

Definición

Pretil
Es un murete o vallado de piedra u otra materia que se pone en los puentes, terrazas, balcones, cubiertas y en otros lugares para preservar de caídas.

Además, estas piezas han de volar por ambas caras del pretil entre 2 y 3 centímetros para alejar la caída del agua de la línea del paramento de fachada. Por otro lado, esta pieza de albardilla tiene que estar dotada también de un simple o un doble goterón con el que se rompa la continuidad del retroceso de la lámina de agua por la parte inferior de la pieza hacia el paramento.

Este **goterón** consiste simplemente en una pequeña ranura longitudinal de cierto espesor con la que se interrumpe la zona inferior de la albardilla en la zona de vuelo sobre ambas líneas (interior y exterior) del pretil de cubierta. En el caso de piezas de fácil corte, puede improvisarse su ejecución mediante un corte utilizando una radial manual, aunque esta tarea ha de consensuarse tanto con la dirección facultativa de la ejecución de la obra como con el departamento técnico del fabricante de las piezas de albardilla.

Albardilla de piedra

Como apoyo de protección impermeabilizante del muro de cubierta, puede acompañarse, a la colocación de esta pieza prefabricada de albardilla, del extendido previo de una lámina impermeabilizante de tela asfáltica de betún en ambos lados del pretil en las líneas interiores y exteriores.

Nota

El soldado de la lámina se realizará aplicando calor mediante el empleo de un soplete manual.

La colocación de esta lámina de impermeabilización, debidamente tratada, proporcionará un perfecto apoyo para la colocación de las piezas prefabricadas, siendo absolutamente necesario el repaso final de las juntas pretil-albardilla tanto en el exterior como en el interior para el tapado del soldado de la lámina.

En la ejecución de edificaciones de tipo industrial, para mantener la elección del material seleccionado para la fachada (normalmente metálico) y no romper con la coherencia de la misma, se están empleando cada vez más los remates de chapa metálica y de aluminio como coronación de estos elementos de cubierta.

Albardilla de aluminio lacado

4. Alféizares

Los huecos forman parte del aspecto de las fachadas de manera primordial, debiendo ser las condiciones climáticas un factor básico en su disposición y tamaño.

Por su carácter de vacío e interrupción de la fábrica, se considera que es uno de los puntos débiles del cerramiento, ya que en él se produce una disminución del aislamiento térmico y acústico, y su estanqueidad debe estar resuelta tanto en la propia carpintería como en la unión de esta con la fábrica.

La conexión de la carpintería con el alféizar de ventana es propensa a acumular defectos funcionales, ya que el diferente coeficiente de dilatación de los materiales que la componen y su situación, expuesta a los agentes externos, contribuyen a la aparición de posibles fisuras, con las consiguientes filtraciones de agua.

El alféizar puede ser de diferentes materiales, como piedra, hormigón, cerámica, metal, etc. y cumple su función cuando el agua es evacuada rápidamente hacia el exterior del paramento.

El diseño y la unión del alféizar con el cerco y las jambas son muy importantes, siendo necesarias medidas adicionales, además del sellado, para garantizar la estanqueidad en dichos puntos.

Esquema de utilidad del alféizar

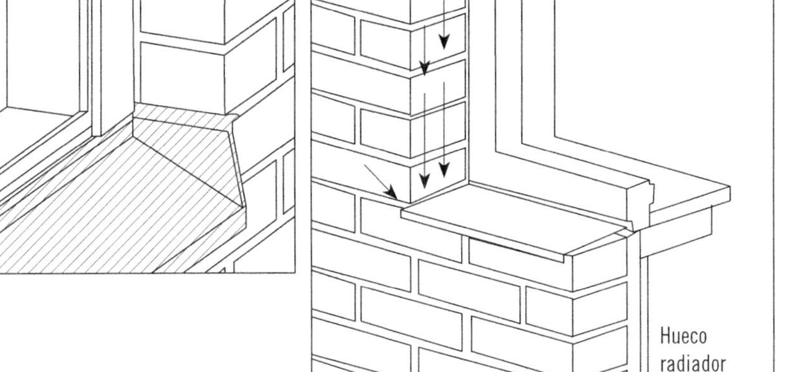

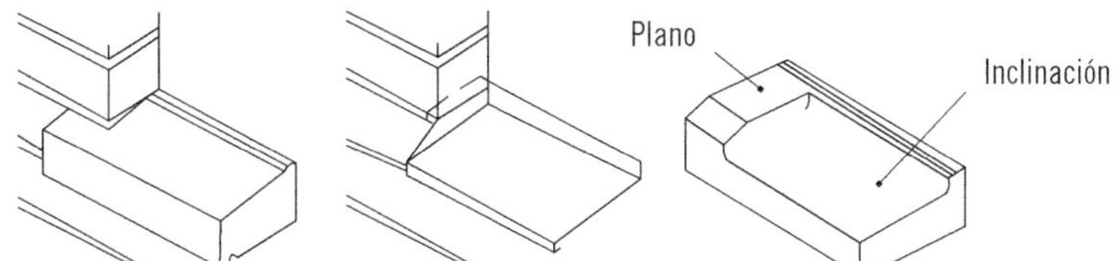

Algunas de las medidas adicionales que se proponen en la ejecución de esta unión son:

- El alféizar debe contar con rebordes laterales suficientemente altos y con huidas de los bordes.
- En su encuentro con el cerco se solapará la unión y contará con un vierteaguas que aleje el agua de dicho punto.
- Tendrá una pendiente superior a 10° y en los laterales penetrará en las jambas, no siendo recomendables las juntas a tope en dichos puntos.
- Se colocará una membrana impermeable debajo, a los lados y detrás, fijándola al cerco o a la fábrica.
- Se evitará que se produzca un puente térmico al atravesar la cámara de aire, interponiendo un material aislante entre el alféizar y la hoja interior.

Ejecución de antepecho de ventana

Como se puede comprobar en la imagen, la incorrecta ejecución tanto de la pieza de alféizar como de la impermeabilización previa provocará en los cerramientos tradicionales, en los que el paramento exterior está normalmente compuesto de una citara de ladrillo perforado, la entrada de agua en el interior de las piezas de ladrillo que componen la citara, siendo imposible su evacuación y provocando en el interior, de forma incuestionable, manchas de humedad.

Definición

Citara
Es una pared cuyo grueso es solo el de la anchura del ladrillo común.

Un aspecto que no se debe olvidar en el diseño de los paramentos de antepecho de ventanas, y que afecta directamente a la ejecución de los alféizares, es la colocación de los radiadores.

Generalmente, cuando estos se empotran en el muro, se reduce la sección del mismo, originando una serie de problemas que se solucionarán de la siguiente manera:

- La sección de la pared debe tener igual coeficiente de aislamiento térmico que la sección regular. Para ello, se colocarán capas adicionales de material aislante.
- Cuando la sección del muro ha sido reducida, quedando solo el 1/2 pie, se aplicará un material impermeable a la cara interna del cerramiento, para no penalizar la estanqueidad.
- Es posible que aparezcan fisuras al exterior que parten de las aristas del vano, originadas por las dilataciones térmicas. En caso de ser necesario, se dispondrán juntas de dilatación verticales en el antepecho del hueco.

Quizás las piezas más empleadas en alféizares actualmente, junto con las de piedra natural, sean las de hormigón prefabricado. Este material es un producto industrial que ha supuesto otra manera de entender la construcción en el momento en que ha sido posible transportar el hormigón en piezas una vez fraguado.

Ya no influyen ni condicionan la obra los índices climáticos. Los vertidos en moldes, vibrado y desencofrado se hacen en plantas de manera más fácil y controlada.

Nota

Todo esto se refleja en el desarrollo de técnicas de pretensado y postensado, que revierten directamente en las calidades de los prefabricados de hormigón.

La industria española de prefabricados de hormigón se sitúa en cabeza de Europa, con innumerables productos diferentes, dotados de alta tecnología de fabricación. Han influido en esta escalada la rápida adaptación de la industria española a la Normativa Europea, la elaboración de manuales técnicos y la adaptación a las peticiones de los clientes. Así, las posibilidades arquitectónicas son tan atractivas que despiertan el interés de arquitectos y proyectistas.

Pieza prefabricada de alféizar de ventana

La versatilidad e idoneidad de los prefabricados de hormigón hacen que sea fácil el acceso a estos productos por la cercanía de los mismos, y por la amplia gama para construcciones de viviendas, edificaciones industriales y entornos urbanos.

5. Otros remates y molduras singulares

La utilización de piezas especiales prefabricadas en la realización de elementos constructivos singulares está cada vez más extendida.

Teniendo en cuenta los procesos industriales que ya se venían empleando para la fabricación de materiales de construcción más antiguos y tradicionales (como el hormigón o los ladrillos cerámicos), y ante la posibilidad de aprovechar dichos procesos, se genera la oportunidad de introducir la especialización y crear las condiciones que permitan adoptar métodos de producción en serie.

De esta manera, la industria de la construcción comenzó a desarrollar un conjunto de operaciones especializadas mediante las que, al hacer un mejor uso de herramientas, equipos y máquinas, y cambiando gradualmente el trabajo en obra por operaciones mecánicas más efectivas realizadas en taller, se obtienen resultados constructivos óptimos en tiempos adecuados a las necesidades de los programas de construcción en un ambiente de trabajo más aceptable para la mano de obra.

Los componentes que salen de estas líneas de producción se llevan directamente a obra a través del montaje sistematizado conveniente a cada sistema constructivo, lográndose un producto final de rápida ejecución con un alto nivel de calidad y mucho más económico.

La ejecución de elementos singulares con piezas prefabricadas se hace patente en la ejecución de barandillas, balaustradas, chimeneas, etc.

El acero laminado en caliente, y conformado en frío en la ejecución de barandillas, antepechos, etc., es quizás el material que, por su propia naturaleza, comenzó a trabajarse en taller, para posteriormente llevarse a obra para su correcta instalación.

Nota

Hoy día, el desarrollo de estos trabajos se puede observar en la gran variedad de cerrajería existente en una edificación cualquiera.

Escalera interior donde la forma de los peldaños está definida directamente por su losa de conexión entre forjados.

Barandillas de acero

La ornamentación de fachadas es otro de los campos de utilización de piezas especiales en concordancia con el material del paramento. A menudo en fachadas pueden encontrarse elementos prefabricados de piedra en concordancia con remates singulares como dinteles, alféizares o chapados de jambas.

Un elemento singular prefabricado utilizado en fachadas es la balaustrada. Con estas piezas existentes en diferentes alturas y con distintos acabados, tanto de balaustre como de pasamanos, conseguimos darle a la fachada mayor esplendor.

La balaustrada se compondrá de pedestal, balaustre, pasamanos con tape y pilar. La distribución de piezas se realiza por separado siendo aconsejable la inclusión de 4 balaustres por metro lineal.

Consejo

Para la puesta en obra de estas piezas es indispensable recurrir a las indicaciones de colocación del fabricante de la pieza, siendo necesario en ocasiones el refuerzo de la zona de sustentación para su correcta ejecución.

Balaustrada de arenisca

En construcciones de tipo residencial, uno de los elementos prefabricados más empleados son los aspiradores estáticos en la coronación de chimeneas y conductos de ventilación de los núcleos húmedos (baños, aseos y cocinas) de las viviendas.

Estas piezas, normalmente ejecutadas de hormigón prefabricado, se distribuyen en anillos independientes que se van superponiendo unos sobre otros consecutivamente. Constan de tres piezas diferenciadas:

-

- La base: pieza de apoyo sobre la fábrica de ladrillo o soporte.
- El módulo: pieza central de la que normalmente se emplean dos o tres unidades.
- La coronación: pieza de remate final cerrada que impide la entrada de agua de lluvia.

Chimenea de hormigón prefabricado

Aplicación práctica

Los trabajos de albañilería de un bloque de viviendas han alcanzado la planta de cubierta de un edificio. En la cubierta, plana y transitable, terminan cuatro conductos de ventilación que comienzan a ejecutarse y deben coronarse con un aspirador estático. Deberá realizar el pedido de piezas especiales para poder concluir el trabajo.

SOLUCIÓN

Se debe hacer el pedido de cuatro piezas de base y otras tantas de coronación, mientras que al menos por cada conducto de ventilación se pedirán tres piezas módulo o básicas.

6. Resumen

Se ha tratado en el capítulo que llega a su fin sobre la ejecución de elementos tan singulares como los dinteles de huecos, en los que para su realización es corriente la utilización de piezas especiales que sirvan como apoyo de los ladrillos de la fábrica que lo compongan. También hemos estudiado las albardillas, que sirven como protección ante el agua de lluvia de los pretiles de cubierta.

El alféizar puede ser de diferentes materiales, como piedra, hormigón, cerámica, metal, etc. y cumple su función cuando el agua es evacuada rápidamente hacia el exterior del paramento.

Otros puntos especiales, como barandillas, balaustradas o aspiradores estáticos se solucionan también con diferentes piezas especiales fabricadas para tal fin.

Ejercicios de repaso y autoevaluación

1. ¿Cuál es una de las principales razones a la hora de elegir un tipo de dintel?

a. El mantenimiento o no del aparejo empleado en la ejecución de la fábrica.
b. La luz del hueco.
c. El material de agarre.
d. Ninguna de las opciones es correcta.

2. Indique si la siguiente afirmación es verdadera o falsa y, en caso de ser falsa, indique la respuesta correcta.

Las piezas de albardilla sirven como protección ante el agua de lluvia de los pretiles de cubierta aunque no por esto deben estar dotadas de una pequeña pendiente que ayude a la evacuación del agua.

☐ Verdadero
☐ Falso

3. ¿Cuánto ha de volar la pieza de albardilla de los paramentos del pretil de cubierta?

a. Entre 20 y 30 cm.
b. Entre 5 y 10 cm.
c. Entre 2 y 3 cm.
d. Entre 0 y 1 cm.

4. La pendiente de los alféizares será superior a...

a. ... 1º
b. ... 10º
c. ... 15º
d. ... 20º

5. ¿Cuántos balaustres han de incluirse en un metro lineal?

a. 4
b. 3
c. 5
d. 2

Bloque 4

Ejecución de fábricas de bloque visto

Contenido

1. Elaboración de morteros de cemento, de cal y bastardos
2. Replanteo de fábricas de bloque
3. Recibido de cercos, precercos, marcos y cargaderos
4. Construcción de fábricas de bloque a cara vista
5. Construcción

Capítulo 1

Elaboración de morteros de cemento, de cal y bastardos

Contenido

1. Introducción

El mortero es el material indispensable para conseguir la adherencia requerida entre las diferentes piezas de bloques de hormigón utilizadas en una fábrica vista.

Para una correcta elaboración del mismo deberemos entender la importancia de los diferentes componentes que lo conforman, dependiendo de la característica que se busque.

Será la naturaleza de la fábrica a cara vista la que determinará el mortero a utilizar, dependiendo de esta tanto la dosificación a llevar a cabo durante su elaboración como la resistencia a compresión final del mortero que se utilice en obra.

2. Elaboración de morteros de cemento, de cal y bastardos

Se denomina mortero a la mezcla de uno o varios conglomerantes inorgánicos, árido fino o arena y agua con o sin aditivos. Los morteros pueden ser ordinarios, de junta delgada o ligeros.

Importante

No se podrán utilizar mezclas de cementos de diferente tipo o procedencia bajo ningún pretexto ya que se perdería automáticamente la trazabilidad del material y con ella las garantías del fabricante. El responsable de la recepción velará porque este hecho no se produzca.

El **conglomerante** habitualmente utilizado es el cemento, pudiéndose utilizar mezclas de cemento y cal.

La **arena** es el árido que pasa por el tamiz de cuatro milímetros de la norma UNE 7050-3:1997, utilizándose árido silicio o calizo habitualmente.

El **agua** comúnmente utilizada es la del abastecimiento público, necesitando realizar ensayos en el caso de que se utilicen aguas procedentes de pozos.

Por **aditivo** se entiende aquellos productos que, incorporados al mortero, modifican en estado fresco y/o endurecido alguna de sus características, como la trabajabilidad, impermeabilidad, etc.

Elaboración mortero de cemento

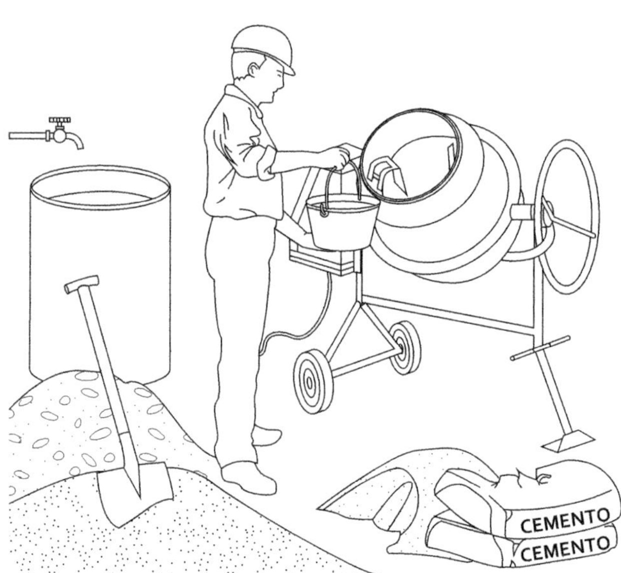

Se reflejan, a continuación, los diferentes tipos de morteros que pueden encontrarse en el levantamiento de una fábrica de bloques de hormigón a cara vista:

- **Mortero:** mezcla de conglomerantes inorgánicos, con áridos del tamaño de la arena y agua, y, si se prescriben, adiciones y aditivos.
- **Mortero ordinario:** mortero para juntas de espesor mayor de 3 mm, y en cuya elaboración se utilizan solo áridos ordinarios.

- **Mortero fino:** mortero por dosificación para juntas de espesor entre 1 mm y 3 mm.
- **Mortero ligero:** mortero por dosificación cuya densidad en desecado sea inferior a 1.500 kg/m^3.
- **Mortero por resistencia:** mortero elaborado de modo que en los ensayos cumpla las propiedades establecidas en relación a la resistencia.
- **Mortero por dosificación:** mortero elaborado con una dosificación establecida, cuyas propiedades se admiten ligadas a ella.
- **Mortero preparado:** mortero dosificado y amasado en factoría, y servido en obra.
- **Mortero seco:** constituyentes secos del mortero con la dosificación y condiciones exigidas mezclados en factoría, que se amasan en obra.
- **Mortero de obra:** aquel cuyos componentes se dosifican y se amasan en obra.
- **Mortero hidrofugado:** mortero que incluye entre sus componentes una adición que le proporciona un buen comportamiento frente al paso de la humedad.
- **Mortero aislante:** mortero con aditivos que mejoran las características térmicas del mismo.

Mortero en fábrica de bloques de hormigón visto

La **dosificación** es la proporción en la que intervienen cada uno de los componentes del mortero. Esta proporción se puede expresar en peso o en volumen.

Los morteros ordinarios pueden especificarse por:

- **Resistencia:** M seguida de la resistencia a compresión en N/mm^2.
- **Dosificación en volumen:** se designan por la proporción en volumen de los componentes fundamentales (por ejemplo, 1:1:5 cemento, cal y arena).

Tipo de mortero	Resistencia a compresión en N/mm^2	Cemento	Cal aérea	Arena
M-2,5	2,5			
a		1	0	8
b		1	2	10
M-5	5			
a		1	0	6
b		1	1	7
M-7,5	7,5			
a		1	0	4
b		1	0,5	4
M-15	15			
a		1	0	3
b		1	0,25	3

Nota

El M-5 se corresponde con el M-40, que es la designación habitual de obra.

Para la fábrica de bloques de hormigón, teniendo en cuenta sus características, no se recomienda utilizar morteros superiores a M-5.

2.1. Cementos

Deben cumplir las condiciones que estipule el pliego de recepción de cementos vigente, actualmente el Real Decreto 256/2016, de 10 de junio, por el que se aprueba la Instrucción para la recepción de cementos (RC-16) y normas UNE-EN en vigor.

Sacos de cemento

Lo normal es utilizar los cementos del tipo CEM-II, con adiciones, sobre todo los tipos mixtos, y cementos blancos correspondientes a los mismos.

La clase resistente de los cementos es 32,5, 42,5 o 52,5 N/mm^2. El cemento pórtland se designará con las siglas CEM I, seguidas de la clase de resistencia, se añadirá un espacio en blanco y la letra (R) si es de alta resistencia inicial o la letra (N) si es de resistencia inicial normal. En estos cementos, la designación comenzará con la referencia a la norma EN 197-1 seguida de un guion.

Los cementos pórtland con adiciones se designarán con las siglas CEM II seguidas de una barra (/) y de la letra que indica el subtipo (A o B) separada por un guion (-) de la letra identificativa del componente principal empleado como adición del cemento, es decir:

- S: escoria de horno alto;
- D: humo de sílice;
- P: puzolana natural;
- Q: puzolana natural calcinada;
- V: ceniza volante silícea;
- W: ceniza volante calcárea;
- T: esquistos calcinados;
- L: caliza con un contenido en carbono orgánico total menor o igual a 0,5 % en masa;
- LL: caliza con un contenido en carbono orgánico total menor o igual a 0,2 % en masa;

En el caso de que se utilice una combinación de los componentes anteriores se designará con la letra M, indicando además entre paréntesis las letras identificativas de los componentes principales empleados como adición. A continuación se indicará la clase de resistencia, se añadirá un espacio en blanco y la letra R si es de alta resistencia inicial o la letra N si es de resistencia inicial normal. En estos cementos, la designación comenzará con la referencia a la norma EN 197-1 seguida de un guion.

Hay que tener en cuenta que, cuanto mayor es la clase resistente del cemento, menor es la plasticidad del mortero.

En el caso de utilizar morteros blancos o coloreados se utiliza cemento blanco con o sin cal y áridos blancos procedentes normalmente de mármoles machacados, o calizas caoliníticas.

2.2. Cales

La cal se utiliza en la fabricación de los morteros bastardos, es decir, con dos conglomerantes, cemento y cal, con lo que se mejoran la plasticidad del mortero y la retención de agua, dando una mezcla de color más claro. Lo habitual es la utilización de cales aéreas, dada la escasa producción de cales hidráulicas.

2.3. Arenas

Las arenas utilizadas habitualmente son las de río, naturales o de machaqueo. En este último caso, hay que proceder al lavado de las mismas para evitar un alto contenido en finos que pudiera dificultar la adherencia de la pasta de cemento.

Consejo

Las arenas deben carecer de materia orgánica.

Acopio de arena en obra

Nota

Excepto los áridos adicionados como filleres, que deben ser descritos como filler del árido.

Definición

Filler del árido
Árido cuya mayor parte pasa por el tamiz de 0.063 mm y que se puede añadir a los materiales de construcción para obtener ciertas propiedades.

Todos los áridos se deben describir en términos de tamaños del árido, empleando la designación **d/D,** siendo **d** el límite menor del tamiz y **D** el límite superior del mismo. Se prefieren los siguientes tamaños de árido:

0/1 mm, 0/2 mm, 0/4 mm, 0/8 mm, 2/4 mm, 2/8 mm.

La granulometría de los áridos debe estar conforme con los requisitos que se citan a continuación, en función del tamaño del árido (d/D), excepto cuando, para usos especiales, se especifiquen otros límites.

Tamaño de los áridos mm	Límites en porcentaje, en masa, que pasa				
	Límites superiores			Límites inferiores	
	2 D(a)	1,4 D(b)	D(c)	d	0,5 d(b)
0/1	100	95 a 100	85 a 99	–	–
0/2	100	95 a 100	85 a 99	–	–
0/4	100	95 a 100	85 a 99	–	–
0/8	100	98 a 100	90 a 99	–	–
02//04	100	95 a 100	85 a 99	0 a 20	0 a 5
02//05	100	98 a 100	86 a 99	0 a 20	0 a 5

Cuando sea esencial para empleos especiales, el tamiz por el que pase el 100 % del árido se puede especificar para un valor inferior a 2D. Para mortero de capa fina (0/1), el 100 % del árido debe pasar por D.

Cuando los tamices calculados para 0,5 d y 1,4 D no sean números exactos de la serie ISO 565:1990/R20, se puede adoptar la dimensión más próxima del tamiz.

Si el porcentaje que pasa por D es superior al 99 % en masa, el productor debe documentar y declarar la granulometría típica, que indica la norma UNE 13139:2003.

Los áridos deben llevar el Marcado CE obligatorio desde el 1 de junio de 2004.

Importante

Los áridos deben llevar el Marcado CE obligatorio desde el 1 de junio de 2004.

2.4. Aguas

Se pueden utilizar para el amasado de morteros las aguas sancionadas como aceptables por la práctica.

No se utilizarán aguas de mar, dado que su uso puede producir eflorescencias en las fábricas.

2.5. Aditivos

En el caso de utilizar aditivos, debe comprobarse que no afecte de forma desfavorable a la calidad del mortero, de la fábrica, y a la durabilidad.

Los aditivos se clasifican según el efecto principal, es decir, según la característica que se quiera mejorar, en plastificantes, inclusores de aire, hidrófugos etc.

También se utilizan aditivos para modificar los tiempos de fraguado.

Silo de mortero

3. Características de los morteros

Los morteros no adquieren sus propiedades finales hasta que termina su fraguado por lo que sus características son muy diferentes si comparamos su estado fresco y su estado endurecido.

3.1. Morteros en estado fresco

Para que la elaboración del mortero sea satisfactoria tanto durante su elaboración y puesta en obra conviene conocer las propiedades de lo mismo y aprovechar las mismas para que realizar dicha tarea con éxito.

- **Plasticidad:** es la propiedad que define la trabajabilidad del mortero. Depende de la consistencia de la granulometría de la arena y de la cantidad de finos que contenga la arena. Se puede mejorar con el uso de aditivos plastificantes y/o aireantes.
  Los morteros en los que se utiliza cal mejoran notablemente la plasticidad, ya que aumenta el número de finos actuando como lubricante.
- **Retención de agua:** es la propiedad que tienen los morteros para mantener la trabajabilidad cuando están en contacto con piezas absorbentes, evitando que pierda el agua de forma rápida, lo que además podría dar problemas en el fraguado del cemento, pudiéndose producir el afogarado del mismo. Se mejora notablemente con el uso de la cal o aditivos específicos.
- **Segregación:** es la separación de los componentes del mortero, lo que origina morteros disgregados.
- **Adherencia:** es la propiedad que mide la facilidad o resistencia que presenta el mortero al deslizamiento sobre la superficie del soporte en el que se aplica. Se mejora mediante un mayor incremento de cemento y cal y mediante el uso de finos arcillosos en la arena.

Consejo

La segregación se evita añadiendo agua en exceso y utilizando arenas con tamaños no muy grandes.

3.2. Mortero en estado endurecido

La correcta dosificación, amasado y puesta en obra del mortero permite alcanzar la resistencia deseada para su estado endurecido, así como el valor idóneo para el resto sus propiedades necesarios para su vida de servicio.

- **Resistencia mecánica:** viene expresada por su resistencia a compresión en N/mm^2 a la edad de 28 días sobre probetas prismáticas de 4x4x16 cm. Estas resistencias vienen tipificadas en las siguientes series:

  M-1, M-2,5, M-5, M-7,5, M-10, M-12,5, M-15, M-20 y M-30

  Siendo aconsejable no usar una serie superior a 5 N/mm^2.
- **Adherencia:** es la relación directa de la resistencia a tracción del mortero y de la correcta puesta en obra del mismo.
- **Heladicidad:** Es la resistencia que presenta el mortero a ciclos de hielo-deshielo. Se consigue una buena resistencia a las heladas realizando morteros compactos, utilizando aditivos adecuados y mediante un proceso cuidado en la ejecución.

3.3. Hormigón de relleno

El hormigón de relleno será el especificado en los documentos del proyecto. En general, tendrá la consistencia adecuada para rellenar los huecos teniendo en cuenta la absorción de las piezas de hormigón y juntas de mortero dado que pueden variar la consistencia del hormigón.

La dosificación podrá realizarse en peso o en volumen, siendo aconsejable la primera teniendo en cuenta la corrección de humedad de los áridos, sobre todo de la arena, por su influencia en la consistencia del mismo.

En la ejecución de elementos singulares, como dinteles y macizado de jambas y pilares en el interior de bloques, es muy frecuente el empleo de hormigón combinado con refuerzos de armadura de acero corrugado laminado en caliente.

Aplicación práctica

Debe realizar un mortero M-40 en la ejecución de una fábrica de bloques a cara vista.

Para la elaboración del mismo, el oficial de primera encargado de ejecutar la fábrica, y al que está asignado como peón, le indica que utilice cal existente en la zona de acopios de la obra.

¿Cuántas partes tendrá que añadir de cada uno de los componentes del mortero?

SOLUCIÓN

Se deberá añadir una parte de cemento, una de cal y siete de arena en función de la cantidad total de mortero que finalmente se realice.

4. Resumen

El mortero es el material indispensable para conseguir la adherencia requerida entre las diferentes piezas de bloques de hormigón utilizadas en una fábrica vista. Es la mezcla de uno o varios conglomerantes inorgánicos, árido fino o arena y agua con o sin aditivos.

El conglomerante habitualmente utilizado es el cemento, pudiéndose utilizar mezclas de cemento y cal.

La arena es el árido que pasa por el tamiz de cuatro milímetros de la norma UNE 7050-3:1997, utilizándose árido silicio o calizo habitualmente.

El agua comúnmente utilizada es la del abastecimiento público, necesitando realizar ensayos en el caso de que se utilicen aguas procedentes de pozos.

Por aditivo se entiende aquellos productos que, incorporados al mortero, modifican en estado fresco y o endurecido alguna de sus características, como la trabajabilidad, impermeabilidad, etc.

En función del estado de los morteros, se pueden dividir en morteros en estado fresco, en estado endurecido y hormigón de relleno.

Ejercicios de repaso y autoevaluación

1. **Indique la respuesta incorrecta. ¿Los morteros pueden ser?**

   a. Ordinario.
   b. Ligeros.
   c. De junta delgada.
   d. Ninguna de las opciones es correcta.

2. **¿Que es un mortero fino?**

   a. Mortero por dosificación para juntas de espesor entre 1 cm y 3 cm.
   b. Mortero por dosificación para juntas de espesor entre 5 mm y 8 mm.
   c. Mortero por dosificación para juntas de espesor entre 1 mm y 3 mm.
   d. Mortero por dosificación para juntas de espesor entre 2 mm y 6 mm.

3. **Indique si la siguiente afirmación es verdadera o falsa. En el caso de ser falsa, indique la respuesta correcta.**

   La dosificación es la proporción en la que intervienen cada uno de los componentes del mortero. Esta proporción se puede expresar en peso o en volumen.

   □ Verdadero
   □ Falso

4. **¿Cuál es el pliego de recepción de cementos actualmente vigente?**

   a. RC – 16.
   b. RC – 03.
   c. RC – 91.
   d. RC – 97.

5. Indique la respuesta incorrecta. ¿Qué tipo de arenas son las utilizadas en la ejecución de morteros?

a. De río.
b. Naturales.
c. De machaqueo.
d. Todas las opciones son incorrectas.

Capítulo 2

Replanteo de fábricas de bloque

Contenido

1. Introducción

El replanteo de fábricas de bloque visto no difiere en gran medida del ya definido para las fábricas de ladrillo a cara vista en el anterior módulo.

Las tareas principales del replanteo, como el nivelado del nivel de arranque, el reparto en seco de las piezas, previo a su colocación definitiva, o el apoyo en elementos auxiliares, como precercos o marcos, etc., no varían, centrándose las diferencias existentes tanto en los diferentes tipos de muros que pueden ejecutarse con este tipo de piezas prefabricadas, como en la coordinación dimensional a conseguir.

2. Replanteo de fábricas de bloque

Previa a la ejecución de una fábrica de bloques necesitamos ubicarla en el lugar a ejecutar. Primero se marca su posición en planta, en el suelo, y posteriormente se preparan las miras que nos guiarán para levantarlo, o dicho de otro modo, se replantea el alzado. Para que el replanteo sea adecuado necesitamos los planos de replanteo y detalles del mismo donde se defina con exactitud su posición en planta, su altura, el tipo de muro, y los materiales que lo componen.

2.1. Tipos de muro

Comienza el presente capítulo diferenciando los diferentes tipos de muros que pueden ejecutarse con piezas de bloque visto.

Podemos considerar los siguientes tipos de muros:

Muro de una hoja

Está formado por bloques solapados y trabados en todo su espesor (sin cámara ni sutura continua).

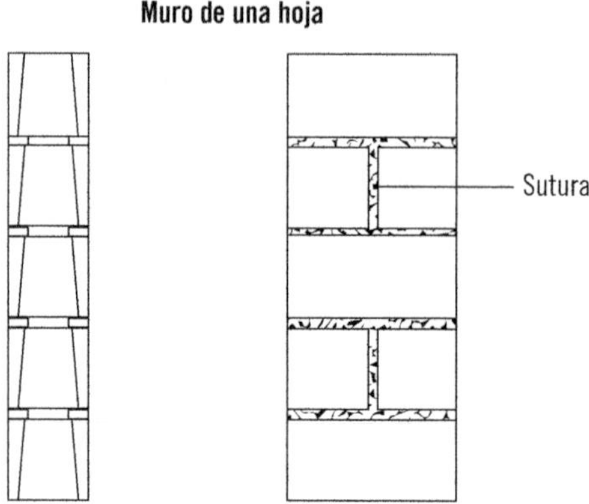

Muro doblado

Es el formado por dos hojas paralelas formando una sutura continua (no mayor de 25 mm.) enlazados entre sí con llaves, conectores o armaduras de tendel, de modo que trabajen solidariamente. Cumplirá las siguientes condiciones:

1. Las dos hojas de un muro doblado se enlazarán eficazmente.
2. Las dos hojas de un muro doblado se enlazarán mediante conectores capaces de transmitir las acciones laterales entre las dos hojas, con un área mínima del 0,03 % del área bruta de la sección del muro, con conectores de acero dispuestos uniformemente en número no menor que 2 conectores/m^2 de muro.
3. Los conectores serán resistentes a la corrosión para el tipo de exposición correspondiente al muro.
4. En la elección del conector se tendrán en cuenta posibles movimientos diferenciales entre las hojas.

Muro capuchino

Es el formado por dos muros de una hoja paralelos, eficazmente enlazados por llaves, conectores o armaduras de tendeles con una o ambas hojas soportando cargas verticales. Cumplirá las siguientes condiciones:

1. Las dos hojas de un muro capuchino se enlazarán eficazmente.
2. El número de llaves que enlazan las dos hojas de un muro capuchino será el obtenido en el cálculo de acuerdo con las acciones a que esté sometido el muro, teniendo en cuenta la resistencia de las llaves a colocar; nunca menor que 2 llaves/m^2.
3. Las llaves serán resistentes a la corrosión para el correspondiente tipo de exposición.
4. Se colocarán llaves en cada borde libre para enlazar ambas hojas.
5. Cuando un hueco traspasa un muro y el marco del hueco no puede transmitir la acción horizontal de cálculo directamente a la estructura, se distribuirán uniformemente las correspondientes llaves a lo largo de los bordes verticales del hueco.
6. Al elegir las llaves se considerará cualquier posible movimiento diferencial entre las hojas del muro, o entre una hoja y un marco.

Muro doblado y capuchino

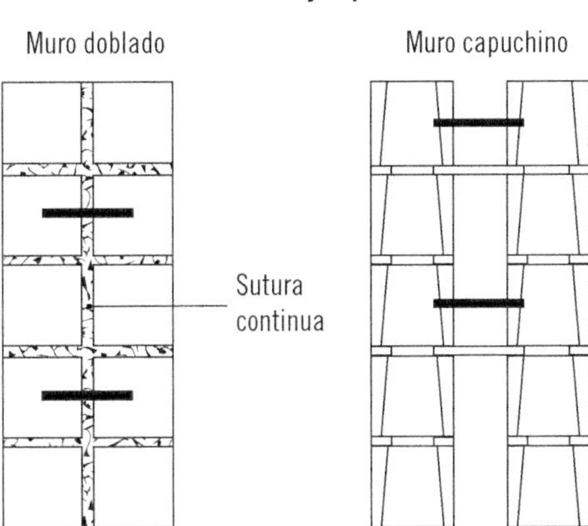

Muro careado

Está formado por dos tipos de piezas, de las cuales una constituye la cara vista y otra el trasdos, eficazmente trabadas entre sí de manera que trabajen solidariamente.

Muro careado

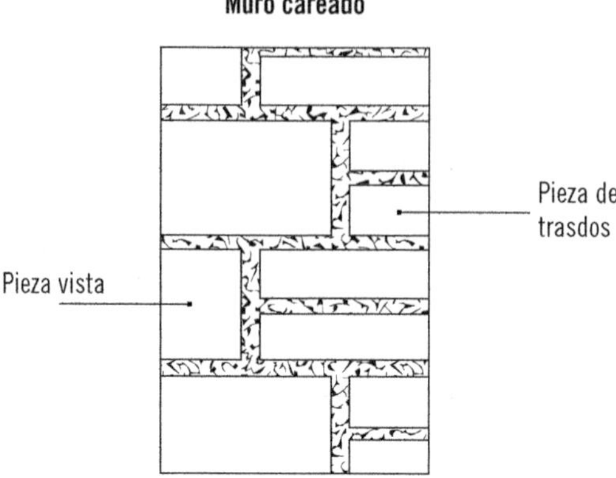

Muro de tendel hueco

En este tipo de muro el mortero en los tendeles se dispone en dos bandas situadas junto a los paramentos, quedando la zona central hueca.

Muro de tendel hueco

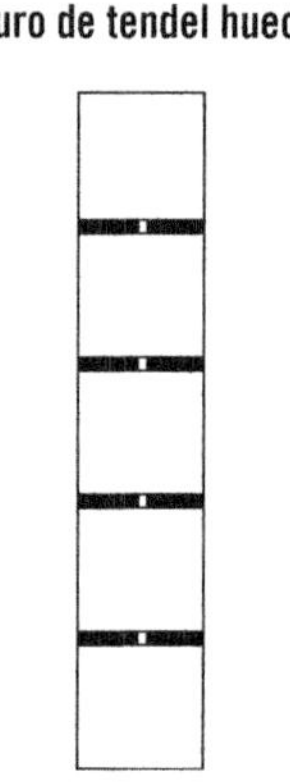

Nota

Con esto se consigue una interrupción en la continuidad del mortero entre el exterior y el interior con la consiguiente mejora en el comportamiento térmico de la fábrica.

Muro de revestimiento

Este muro reviste exteriormente sin traba a otro muro o a un entramado y no contribuye a su resistencia.

Se dispondrán llaves de enlace entre el muro de revestimiento y el trasdosado portante para garantizar la estabilidad del primero, así como la transmisión de posibles acciones laterales entre ambos.

Las llaves serán resistentes a la corrosión para el correspondiente tipo de exposición.

Muro de revestimiento

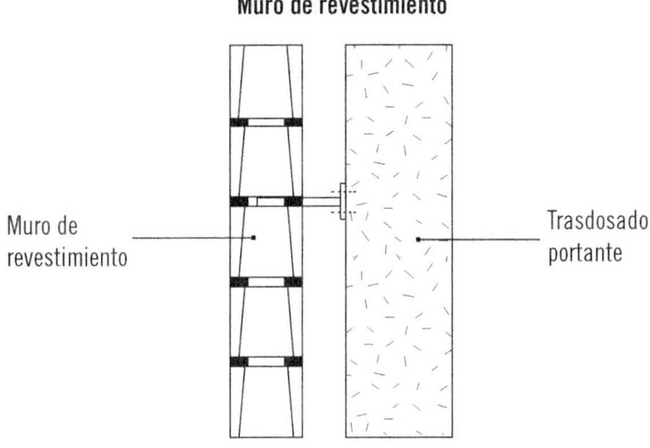

Consejo

Al elegir las llaves, se considerará cualquier posible movimiento diferencial entre ambos elementos.

Muro de relleno

Es el formado por 2 hojas paralelas, separadas al menos 50 mm, enlazadas con llaves, conectores o armaduras del tendel, con la cámara rellena de hormigón, de modo que trabajen solidariamente.

Muro de revestimiento

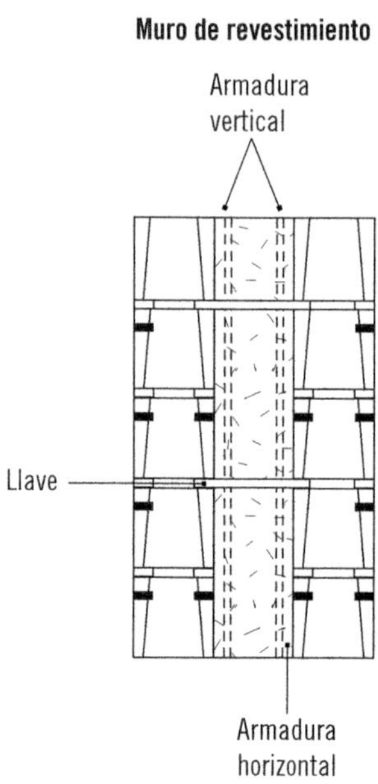

Muro de fábrica armada por tendeles

Es cualquier muro en el que se dispongan regularmente armaduras de tendel prefabricadas a distancias verticales no mayores de 60 cm para controlar la fisuración (y poder absorber, además, solicitaciones laterales). Para lograr que las armaduras de tendel de un muro controlen su fisuración, estas han de disponerse con una cuantía mínima de acero del 0,03% de la sección de la fábrica.

Un muro de fábrica armada por tendeles puede ser cualquiera de los existentes (muro de carga armado por tendeles, muro de una hoja armado por tendeles, muro capuchino armado por tendeles, muro doblado armado por tendeles, muro de cerramiento armado por tendeles, etc.) siempre que cumpla con la cuantía mínima de acero, la separación máxima y se empleen armaduras prefabricadas con la adecuada protección frente a la corrosión.

Muro de fábrica armada por tendeles

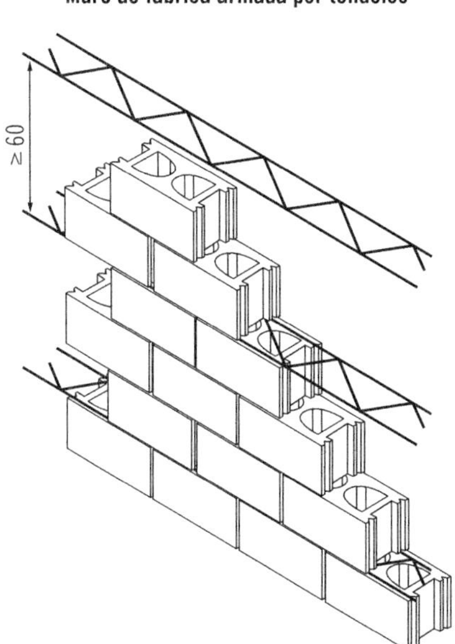

Muro acostillado

Es cualquier muro armado por tendeles que, además, tiene dispuestas verticalmente costillas prefabricadas a distancias regulares que soportan flexiones en el plano vertical del muro, distinguiéndose:

- Muro **acostillado aparejado** es aquel en que las costillas están dispuestas en el interior de las piezas huecas manteniendo el aparejo.
- Muro **acostillado trabado** es aquel en que las costillas están dispuestas entre las piezas de la fábrica, dejando una llaga continua que deberá trabarse entrecruzando las armaduras de tendel con la costilla.

Muro acostillado aparejado y trabado

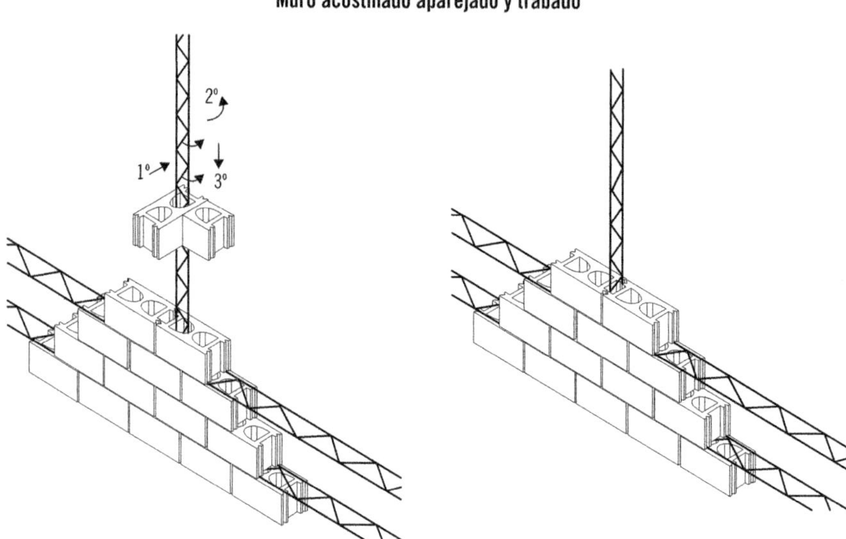

2.2. Dimensiones del bloque

Definidos los diferentes tipos de muros existentes para la elaboración de fábricas vistas de bloques de hormigón, a continuación analizaremos el enfoque de la coordinación dimensional que debe adoptarse dando una serie de pautas en función de las dimensiones del bloque:

Los distintos tipos de dimensiones en función de la inclusión o no de la junta de mortero son:

- **Dimensiones de fabricación:** son las dimensiones teóricas adoptadas por el fabricante.
- **Dimensiones efectivas:** son las dimensiones que se obtienen por medición directa sobre el bloque.
- **Dimensiones nominales:** son las dimensiones de modulación del bloque incluyendo juntas y tolerancias.

Las dimensiones de fabricación y nominales deberán ajustarse preferentemente a las de la siguiente tabla:

	Dimensión nominal	Dimensión de fabricación
Anchura	60	50
	70	60
	75	65
	90	80
	100	90
	110	100
	120	110
	125	115
	130	120
	150	140
	160	150
	200	190
	210	200
	250	240
	260	250
	300	290
	350	340
Altura	60	50
	100	90
	150	140
	200	190
	210	200
	250	240
	300	290
Longitud	250	240
	260	250
	300	290
	400	390
	410	400
	500	490
	510	500
	600	590

Nota

Para bloques con relieves, el fabricante definirá las medidas de fabricación, las cuales no serán inferiores a las indicadas en la tabla.

Considerando juntas de mortero (llagas y tendeles) de 10 mm de espesor, las dimensiones nominales constituyen una retícula a la que deben ajustarse los planos medios de las juntas de una fábrica construida con los bloques. Las dimensiones nominales son iguales a las teóricas de fabricación más el espesor de una junta.

La fábrica de bloques de hormigón se debe organizar de acuerdo con las dimensiones nominales de las piezas. Las longitudes y alturas nominales de muros, machones, huecos, etc., deben ser múltiplos de la longitud nominal y altura nominal de la pieza.

En **fábricas vistas,** las longitudes y alturas reales de los huecos son iguales a las longitudes y alturas nominales más el espesor de una junta. Las longitudes reales de muros, machones, etc., son iguales a las longitudes nominales menos el espesor de una junta.

En el caso de **fábricas revestidas,** estas diferencias pueden ser ocupadas por el espesor del revestimiento.

2.3. Replanteo

Denominados los distintos tipos de muros existentes y habiéndose tenido en cuenta las diferentes dimensiones de un bloque de hormigón, se está en disposición de establecerse recomendaciones para la realización tanto del replanteo vertical como el horizontal.

Replanteo vertical

Se recomienda trabajar con la dimensión nominal de altura del bloque, para establecer las distintas alturas de piso con el fin de que los cálculos para el replanteo vertical sirvan únicamente para resolver pequeños problemas de ejecución.

Se tomará la cara superior o inferior del forjado como referencia de nivel y se intentará hacerla coincidir con la cara superior del bloque en distintas hiladas una vez colocado.

Se ajustará la modulación vertical calculando el espesor del tendel (1cm. + 2 mm generalmente) para encajar un número entero de bloques entre referencias de nivel sucesivas.

Los niveles de antepecho y dintel de huecos se deberán ajustar a la modulación vertical entre referencia de nivel, coincidiendo con hiladas completas.

Con los valores obtenidos en el cálculo de la junta para la modulación vertical, se escantillarán las miras con intervalos de longitud igual a la altura del bloque más el espesor del tendel.

Replanteo horizontal

Se deberá comprobar que las longitudes de huecos y macizos se ajustan a lo establecido sobre coordinación dimensional.

Se trazará sobre el cimiento, forjado, etc., la planta de la fábrica marcando los huecos aunque tengan antepecho, ya que las jambas, juntas de dilatación, etc., se constituyen como un comienzo de muro.

Se colocarán miras aplomadas en cada esquina, hueco, quiebro, mocheta, junta de movimiento y en paños ciegos a distancias menores de 4 m.

Se pasa un nivel a todas las miras y, a partir de él, se encantillan con intervalos iguales a la altura del bloque más el espesor del tendel, comprobando que coinciden con las distintas referencias de nivel de antepechos, dinteles, forjados, etc.

Se coloca una cuerda atada a las miras en el trazo más inferior, definiendo un plano horizontal que va a servir de referencia para la colocación de los bloques de la primera hilada.

Si la primera hilada va colocada sobre la cimentación, deberá preverse un tendel de espesor suficiente para absorber las posibles irregularidades de la cara superior de cimiento.

Consejo

Se recomienda marcar la cuerda con la situación de las llagas en la fábrica para conseguir un aparejo más homogéneo.

Aplicación práctica

Debe ejecutar como oficial de primera un paramento de 6,15 m de longitud con un hueco central de 2,05 m de ancho por 2,10 metros de alto aproximadamente. El paramento tiene una altura de 3,15 m.

¿Cuántas piezas de bloque 40x20x20 cm de tipo estándar necesitará para la ejecución del paramento?

SOLUCIÓN

Primero determinaremos las hiladas en altura que tendremos:

3,15 m de altura entre 0,21 cm (20cm + 1 cm de junta) = 15 hiladas

Continúa en página siguiente >>

<< Viene de página anterior

A continuación, veremos las unidades por cada hilada:

6,15 m de longitud entre 0,41 cm = 15 unidades por hilada

Si realizamos la misma operación con el hueco, tendremos:

2,10 / 0,21 = 10 hiladas y 2,05 / 0,41 = 5 unidades

Teniendo en cuenta todo esto, tendremos:

(15 hiladas x 15 unidades) – (10 hiladas x 5 unidades) = 175 ud

La cuenta no ha terminado porque a la cantidad obtenida debemos deducirle las piezas especiales de dintel (7 unidades) y ampliarle al menos un 10% en previsión de roturas durante la ejecución, así que se necesitarán al menos 185 unidades.

---

3. Resumen

Existen distintos tipos de muro que pueden ejecutarse con piezas de bloque visto. Entre ellos, nos podemos encontrar con el muro de una hoja, muro doblado, muro capuchino, muro careado, de tendel hueco, de revestimiento, de relleno, de fábrica armada por tendeles y muro acostillado.

Los distintos tipos de dimensiones de bloque en función de la inclusión o no de la junta de mortero son las dimensiones de fabricación, las dimensiones efectivas y las dimensiones nominales.

Se han establecido también en el capítulo diversas nociones para la realización de los replanteos de fábricas de bloque visto tanto en vertical como en horizontal.

Ejercicios de repaso y autoevaluación

1. **¿Cómo puede definirse el muro de una hoja de bloques?**

    a. Muro formado por bloques solapados y trabados en todo su espesor (sin cámara ni sutura continua).
    b. Muro formado por dos tipos de piezas de las cuales una constituye la cara vista y otra el trasdos, eficazmente trabadas entre sí de manera que trabajen solidariamente.
    c. Muro que reviste exteriormente sin traba a otro muro o a un entramado y no contribuye a su resistencia.
    d. Ninguna de las opciones es correcta.

2. **¿Cuáles son los distintos tipos de dimensiones en función de la inclusión o no de la junta de mortero?**

    a. Dimensiones efectivas.
    b. Dimensiones nominales.
    c. Dimensiones normadas.
    d. Dimensiones de fabricación.

3. **La dimensión nominal será igual a...**

    a. ... la teórica nominal más el espesor de una junta.
    b. ... la teórica efectiva más el espesor de una junta.
    c. ... la teórica normada más el espesor de una junta.
    d. ... la teórica de fabricación más el espesor de una junta.

4. **Para el replanteo en vertical, ¿con qué dimensión se recomienda trabajar?**

    a. Con la dimensión efectiva de altura del bloque.
    b. Con la dimensión nominal de altura del bloque.
    c. Con la dimensión normada de altura del bloque.
    d. Con la dimensión de fabricación de altura del bloque.

5. Indique si la siguiente afirmación es verdadera o falsa. En el caso de ser falsa, indique la respuesta correcta.

En el replanteo en horizontal se colocarán miras aplomadas en cada esquina, hueco, quiebro, mocheta, junta de movimiento y en paños ciegos a distancias menores de 8 m.

- ☐ Verdadero
- ☐ Falso

Capítulo 3

Recibido de cercos, precercos, marcos y cargaderos

Contenido

1. Introducción

Las fábricas ejecutadas con bloques prefabricados de hormigón o aligerados a cara vista disponen, al igual que las ejecutadas con ladrillo visto, de huecos en su interior para la ubicación de ventanas o puertas.

Para el enlace que habrá de realizarse entre la fábrica vista y la carpintería, independientemente del material de esta (aluminio, acero, etc.), es necesaria la utilización de precercos, cercos, marcos y cargaderos.

La naturaleza de las fábricas modulares de bloques prefabricados hace que sea muy necesario un estudio previo de los mencionados huecos, no solo para encajar dimensionalmente el hueco a dejar en la fábrica vista que se ejecute, sino también para estudiar la forma de enlace entre ambos elementos constructivos.

2. Recibido de cercos, precercos, marcos y cargaderos

El encuentro de la fábrica de bloques de hormigón a cara vista con los componentes de carpintería es uno de los elementos más delicados del muro o cerramiento de bloques, ya que en este punto se deben resolver los problemas de:

- Filtración de aire.
- Filtración de agua.
- Filtración de agua-viento.
- Aislamiento térmico.
- Aislamiento acústico.

Todos los materiales que conforman las carpinterías, tanto exteriores como interiores, tienen un comportamiento totalmente diferente al resto del paramento de fábrica de bloques vistos, por lo que habrá que garantizarse tanto el cumplimiento de todas las funciones exigidas como, a su vez, la compatibilidad de movimientos que existirá entre la carpintería y la fábrica.

La gran variedad de materiales que pueden constituir las carpinterías, así como los distintos lugares de posible colocación (haces exteriores, haces interiores o en la zona intermedia del paramento), ofrecen un gran abanico de posibilidades que exceden el contenido del presente manual, por lo que este manual se remitirá al cumplimiento de la normativa en vigor, tanto para los distintos tipos de carpintería como para su colocación en obra.

Ejemplo

Madera, acero, aluminio, plástico, etc.

El código de la buena práctica constructiva indica que, para la realización de los diferentes huecos que existirán en una fábrica de bloques modulada (a cara vista o no), se emplearán piezas especiales de terminación, como pueden ser:

- **Piezas de comienzo o terminación.** Pieza con forma de paralelepípedo rectangular, que presenta perforaciones uniformemente repartidas, en el eje normal al plano de asiento, con un índice de macizo máximo de 0,8. Se fabricarán medios bloques, y bloques con una y dos caras perpendiculares lisas para comienzos, terminaciones, esquinas y mochetas.

Piezas de comienzo terminación

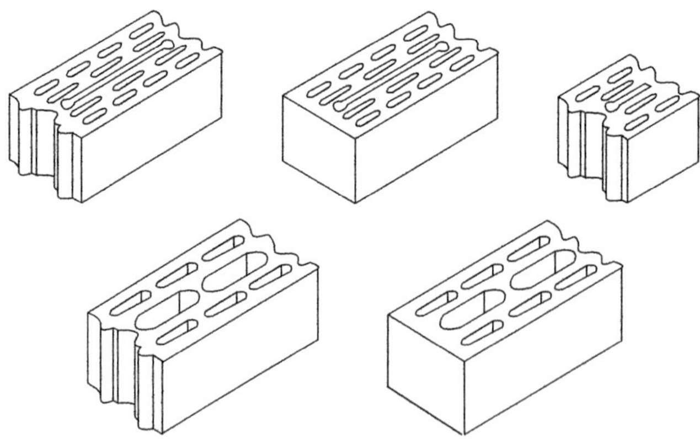

- **Piezas de zuncho y dintel.** Es un tipo de pieza en forma de canal, simple o doble, destinada a servir de encofrado permanente a un dintel, a una cadena de atado o a un zuncho de hormigón armado. Exteriormente, la primera de estas piezas no se diferencia de las otras, lo que permite mantener la continuidad del aparejo sin acusar dichos refuerzos. Existen también bloques tipo con los tabiquillos, y las paredes laterales con ranuras verticales, de manera que puedan abatirse fácilmente y permitir el paso de la armadura del zuncho.

Piezas de zuncho o dintel

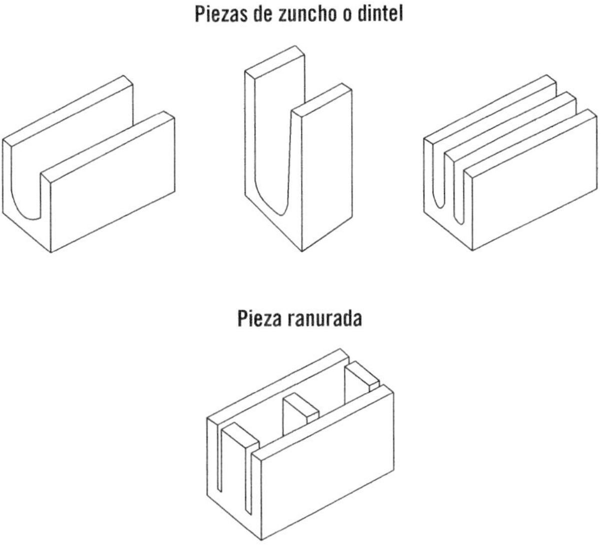

Pieza ranurada

- **Pieza de esquina en L.** Ayuda a resolver uniones en esquina de muros, cuando el espesor de la fábrica es menor o mayor que la mitad de la longitud del bloque.

Pieza en L

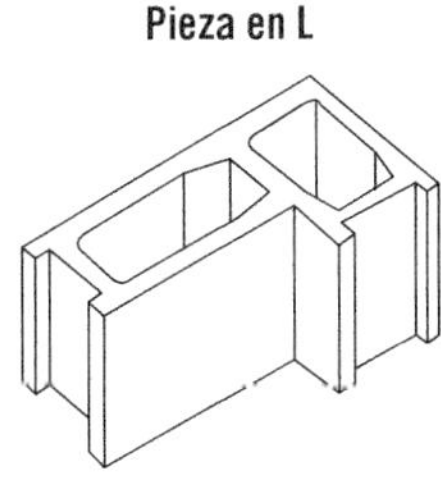

- **Plaquetas.** Sirven para revestir elementos estructurales como cantos de forjado, pilares, etc.
  También existen piezas de plaqueta en L para aplicaciones en esquinas.

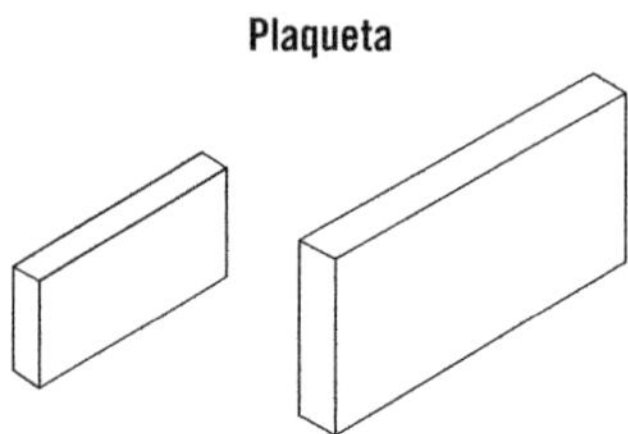
Plaqueta

- **Sillares de hormigón.** Suelen ser piezas macizas o huecas de forma prismática con posibles endentados o cuñas, para aumentar el rozamiento entre ellas, a la hora de asentarse en seco unas sobre otras, con una cierta inclinación o ataluzado, cuyo ángulo viene obtenido por el propio diseño de la pieza. En ocasiones pueden incorporar fijaciones mecánicas entre ellas para lograr el mismo objetivo. A veces se rellenan de grava o de hormigón armado y se suelen complementar con la resistencia a tracción que les ofrece el peso del terreno que sostienen, gracias a emplear mallas plásticas que actúan de tirantes y se anclan bajo dicho terreno previamente excavado y vuelto a colocar y compactar.

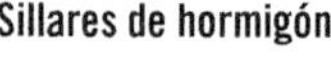
Sillares de hormigón

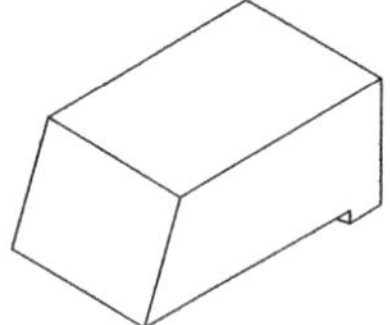

Con el empleo de todas estas piezas, la ejecución de un hueco debe realizarse de forma que para su terminación y recibido de los cercos y precercos de carpintería no sea necesaria la realización de ninguna roza, regola o rebaje, de tal manera que el precerco se superponga en el hueco y a este tomemos la carpintería.

Pieza universal

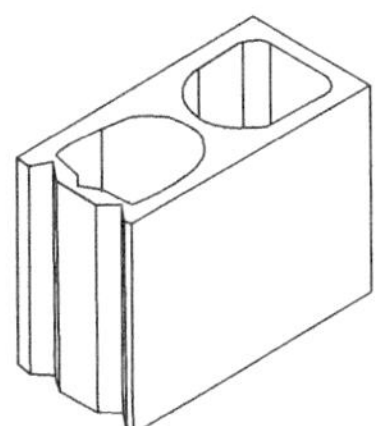

Teóricamente, todos los huecos de puertas y ventanas parecen estar perfectamente estudiados con el empleo de estas piezas especiales, pero la realidad es bien distinta ya que el uso de estas piezas especiales en ocasiones complica la ejecución por problemas de servido, aumento del coste del material, etc. En ese caso, la apertura de calos, la realización de rozas o el corte de los bloques modulados se hace absolutamente necesario para la recepción de los precercos, cercos y marcos.

En el caso de tener obligatoriamente que realizarse rozas, han de establecer una serie de consideraciones a tener en cuenta a la hora de realizar rozas y rebajes en el bloque.

Corte de piezas

Nota

La primera de las medidas es intentar evitar cualquier corte.

Se tendrán en cuenta las siguientes **consideraciones:**

1. Las rozas y rebajos no afectarán a la estabilidad del muro.
2. No se realizarán rozas y rebajos cuando su profundidad sea mayor que la mitad del espesor de la pared de las piezas, a menos que se compruebe por cálculo la resistencia del muro.
3. Las rozas y rebajos no atravesarán dinteles u otros elementos estructurales construidos en el muro ni se realizarán en elementos de fábrica armada, a menos que lo autorice de modo explicito el proyectista.
4. En muros capuchinos, la especificación para rozas y rebajos de cada hoja se hará separadamente.
5. No se realizarán rozas ni rebajos en muros estructurales de bloques huecos. Para muros de bloques ciegos o con volumen total de huecos menor o igual al 25 % del volumen bruto y un volumen de cada hueco menor o igual al 12,5 % del volumen bruto, se puede despreciar la reducción de resistencia a comprensión, flexión y corte si se mantienen las limitaciones de la tabla número 1.
   Si se sobrepasan estas limitaciones, se comprobará por el cálculo la resistencia a comprensión, a flexión y a corte.
6. Se evitarán las rozas horizontales e inclinadas. Cuando no sea posible, se realizarán dentro del octavo de la altura libre del muro, sobre o bajo el forjado, y su profundidad total, incluyendo la de cualquier hueco por el que pase la roza, será menor que la mayor dimensión dada en la tabla número 2. Si se sobrepasan estas limitaciones, se comprobará por el cálculo la resistencia a compresión, a flexión y a corte.
7. Se debe tener cuidado al realizar rozas para evitar dañar anclajes y armaduras. Cuando se prevea que un muro de fábrica armada tiene que rozarse por uno o dos de sus paramentos, podrá ser aconsejable (teniéndolo en cuenta en el cálculo), emplear armaduras de tendel prefabricadas del

ancho inmediatamente inferior al máximo aconsejable, en función del ancho del muro, para evitar encontrarse con las armaduras al hacer las rozas.

8. Cuando se realizan rozas en una fábrica recién levantada, se debe tener un particular cuidado con los muros no estructurales para evitar que la fuerza aplicada por la máquina rozadora dañe el muro.
9. Teniendo en cuenta la dureza del material, se recomienda realizar las rozas con herramientas de precisión.

Tabla 1

Dimensiones de rozas y rebajos verticales en la fábrica, admisibles sin cálculo				
Espesor del muro	**Rozas realizadas tras la ejecución de la fábrica**		**Rebajos realizados durante la ejecución de la fábrica**	
(mm)	**Profundidad (máx) (mm)**	**Ancho máx. (mm)**	**Ancho máx (mm)**	**Espesor residual mínimo del muro (mm)**
≤ 115	30	100	300	70
140	30	125	300	90
190	30	150	300	140
240	30	175	300	175
290	30	175	300	175

NOTAS:

1. La profundidad máxima de una roza o rebajo incluirá la de cualquier perforación que se alcance al realizarla.
2. Las rozas verticales que no se prolonguen sobre el nivel del piso más que un tercio de la altura de planta, pueden tener una profundidad de hasta 80 mm. y de un ancho de hasta 120 mm, si el espesor del muro es de 225 mm.
3. La separación horizontal entre rozas adyacentes o entre una roza y un rebajo o un hueco no será menor que 225 mm.
4. La separación horizontal entre dos rebajos adyacentes, cuando están en la misma cara o en caras opuestas del muro, o entre un rebajo y un hueco, no será menor que dos veces el ancho del rebajo mayor.
5. La suma de los anchos de las rozas y rebajos verticales no será mayor que 0,13 veces la longitud del muro.

Tabla 2

Dimensiones de rozas horizontales e inclinadas, admisibles sin cálculo		
Espesor del muro	Profundidad máxima (mm)	
(mm)	Longitud ilimitada	Longitud ≤ 1250 mm.
≤ 115	0	0
140	0	15
190	10	20
240	15	25
290	15	25

NOTAS:

1. La profundidad máxima de la roza incluirá la profundidad de cualquier perforación que se alcance por la roza.
2. La separación horizontal entre el extremo de una roza y un hueco no será menor que 500 mm.
3. La separación horizontal entre rozas adyacentes de longitud limitada, ya estén en la misma cara o en caras opuestas del muro, no será menor que dos veces la longitud de la roza más larga.
4. En muros de espesor mayor de 115 mm. la profundidad admisible de la roza puede aumentarse 10 mm. si la roza se realiza con precisión usando máquina de corte. Si se usa máquina de corte, las rozas de hasta 10 mm. de profundidad pueden realizarse en ambas caras de los muros de espesor no menor que 225 mm.
5. El ancho de la roza no superará la mitad del espesor residual del muro.

Ejercicio práctico

Lleva ya varios años trabajando en la misma constructora y el encargado de personal le ha visto trabajar en muchas ocasiones y ha propuesto su ascenso para trabajar como oficial de primera.

También tendrá bajo su responsabilidad a un nuevo peón que ha entrado en la empresa constructora a trabajar, como usted lo hizo hace varios años ya.

Continúa en página siguiente >>

<< Viene de página anterior

El primer día de trabajo juntos, el peón, tras darse un paseo por la zona de acopios, le pregunta que cómo se llaman las piezas que se muestran a continuación.

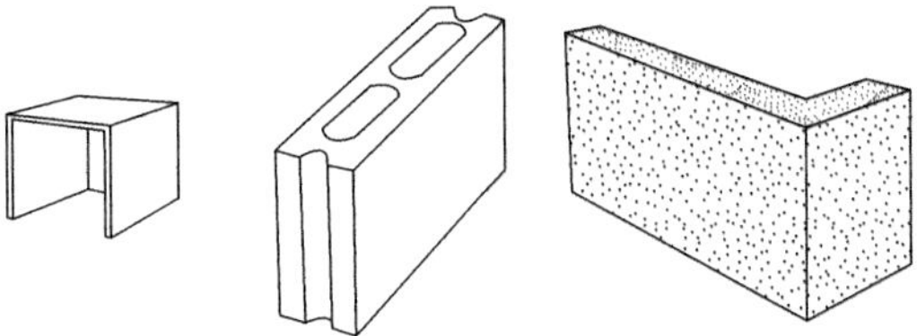

SOLUCIÓN

La primera de las piezas es una pieza de zuncho o de dintel, la segunda de las piezas es una plaqueta mientras que la tercera es una pieza de esquina o en L.

---

3. Resumen

Ha comenzado el capítulo que llega ahora a su fin con un primer análisis de las solicitaciones más importantes que afectan a un hueco con lo que se ha pretendido dar una idea de la importancia de los elementos constructivos sobre los que trata el capítulo.

A continuación, se han repasado los diferentes tipos de piezas especiales existentes en el mercado tan necesarias para el encaje de un hueco de dimensiones ya determinadas en una fábrica de bloques prefabricados modulada.

Por último, concluye el capítulo dando una serie de recomendaciones a tener en cuenta en la ejecución de cortes y regolas en fábricas de bloques tan necesarios para un correcto recogido de los mencionados elementos constructivos.

Ejercicios de repaso y autoevaluación

1. **Indique la respuesta incorrecta. En el encuentro de la fábrica de bloques de hormigón a cara vista con los elementos de carpintería, se deben resolver los problemas de...**

   a. ... filtración de agua-viento.
   b. ... aislamiento acústico.
   c. ... aislamiento contra incendios.
   d. ... filtración de aire.

2. **¿Cómo se denominan las piezas de bloque en forma de canal, simple o doble?**

   a. Pieza de zuncho y dintel.
   b. Pieza universal.
   c. Plaqueta.
   d. Pieza en L.

3. **¿Cómo se denominan las piezas que sirven para revestir elementos estructurales como cantos de forjado, pilares, etc.?**

   a. Pieza de zuncho y dintel.
   b. Plaquetas.
   c. Sillares.
   d. Pieza de inicio o terminación.

4. **Indique si la siguiente afirmación es verdadera o falsa. En el caso de ser falsa, indique la respuesta correcta.**

   No se realizarán rozas y rebajos cuando su profundidad sea mayor que la mitad del espesor de la pared de las piezas, a menos que se compruebe por cálculo la resistencia del muro.

   ☐ Verdadero
   ☐ Falso

5. Teniendo en cuenta la dureza del material, se recomienda realizar las rozas con...

a. ... herramientas manuales.
b. ... herramientas mecánicas.
c. ... herramientas motorizadas.
d. ... herramientas de precisión.

Capítulo 4

Construcción de fábricas de bloque a cara vista

Contenido

1. Introducción
2. Construcción de fábricas de bloque a cara vista
3. Resumen

1. Introducción

Las posibilidades constructivas, arquitectónicas y expresivas que pueden conseguirse mediante el empleo de bloques de hormigón son muchas más de las que en una primera instancia nos pueda parecer.

Se puede definir la ejecución de fábricas con bloques de hormigón visto como la mampostería de hormigón modular, es decir, tradición y modernidad unidas en un material constructivo.

El presente capítulo se centrará en el empleo de este material modular, que es de una gran facilidad constructiva, para cuya ejecución es posible el abastecimiento de mano de obra local y que presenta una enorme flexibilidad de diseño, además de tener las prestaciones más altas de durabilidad, aislamiento térmico y acústico, inercia térmica y respeto al medio ambiente, y cuyo resultado final es la confortabilidad de las edificaciones.

Los más prestigiosos arquitectos mundiales han realizado numerosos proyectos con este tipo de material, quedando siempre ilusionados con su expresividad, versatilidad y fácil ejecución, huyendo de sistemas complicados y de dudosa duración seleccionando un material que emplea las materias primas más clásicas de la edificación, el hormigón.

2. Construcción de fábricas de bloque a cara vista

Debido a la conicidad de los alvéolos de los bloques huecos modulados, el espesor de los tabiques es mayor por una de las caras de asiento que por la otra. La cara que tiene más superficie de hormigón deberá colocarse en la parte superior para ofrecer una superficie de apoyo mayor al mortero de la junta.

Distinto espesor de paredes

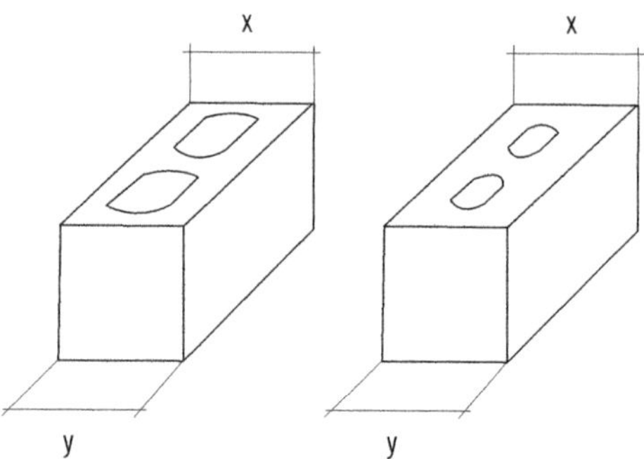

Cuando sea necesario, los bloques se cortarán limpiamente con maquinaria adecuada para cumplir los requisitos dimensionales y mantener un aspecto uniforme. Se procurará reducir el corte de piezas lo más posible, ajustando las dimensiones de la fábrica a las dimensiones de modulación del bloque.

Los bloques se colocarán en el muro de manera que las llagas y tendeles mantengan su espesor. Se comprobará que cada bloque se sitúa al nivel requerido, aplomado y alineado con los del resto de la hilada.

En general, los bloques se colocarán secos, humedeciendo únicamente la superficie en contacto con el mortero a fin de reducir la succión excesiva y la consecuente pérdida de su agua de amasado, lo que modificaría las condiciones normales de fraguado y endurecimiento. En los bloques hidrofugados este proceso es mucho más lento, por lo que no es necesario humedecerlos.

Consejo

No obstante, se tendrán en cuenta la succión real de las piezas y las propiedades reales del mortero (consistencia, retención de agua, etc.) y las recomendaciones del fabricante respecto al humedecimiento de los bloques.

Colocación de bloques

En los bloques ciegos, el mortero se extiende sobre la cara superior de manera completa. En los bloques huecos, se coloca sobre las paredes y tabiquillos, salvo cuando se pretenda interrumpir el puente térmico generado por la continuidad de mortero en el tendel. En este caso, se colocará mortero sobre las paredes interiores y exteriores del bloque. Esto supone una disminución en la superficie horizontal de la junta, a través de la cual se transmiten las cargas verticales, que deberá tenerse en cuenta en el cálculo de la fábrica.

Nota

Las juntas deben quedar perfectamente llenas de mortero de cemento, tanto en horizontal como en vertical, para asegurar una buena unión bloque-mortero.

Se echará mortero en cantidad suficiente como para garantizar que rebosará por las dos caras del muro en ejecución al colocar otro bloque sobre la junta.

Se aplicará mortero sobre los salientes de la testa del bloque, presionándolo para evitar que se caiga al transportarlo para su colocación en la hilada, y en cantidad suficiente para garantizar que la llaga quede completamente rellena.

Los bloques se llevarán a su posición mientras el mortero esté aún blando y plástico, quitándose el mortero sobrante con la paleta sin ensuciar ni rayar el bloque. Los bloques que queden mal colocados o removidos deben ser levantados y colocados de nuevo.

No se debe intentar alinear un bloque después de haber colocado otra hilada sobre él, ya que se formaría una discontinuidad de la unión bloque-mortero en las juntas contiguas.

Aplicación de mortero

Antes de llaguear las juntas, se deben rellenar con mortero fresco los agujeros o pequeñas zonas que no hayan quedado completamente ocupadas, comprobando que el mortero esté todavía fresco y plástico.

Si hay que reparar una junta después de que el mortero haya endurecido se eliminará el mortero de la junta en una profundidad al menos de 15 mm y no mayor del 15 % del espesor del mismo, se mojará con agua y se repasará con mortero fresco.

Se recomienda utilizar un llaguero cóncavo para efectuar el rejuntado, presionando contra los bloques que conformen la junta, consiguiendo una junta cerrada que mejora la impermeabilidad. Esta operación no se debe realizar inmediatamente después de la colocación, sino un tiempo después, cuando el mortero haya endurecido, pero antes de terminar el fraguado.

Consejo

Se recomienda realizar el llagueado primero en las juntas horizontales y después en las verticales.

Llagueado

En fábricas para revestir se recomienda dejar la junta ligeramente rehundida para mejorar la adherencia del revestimiento. Las juntas no se rehundirán en profundidad más de 5 mm.

En fábricas de bloques huecos, las juntas no se rehundirán más de 1/3 del espesor de la pared exterior del bloque.

Los tipos de juntas que se suelen emplear en este tipo de fábricas son los siguientes:

- Enrasada.
- Media caña.
- Rehundida.
- Matada superior.

Tipos de juntas

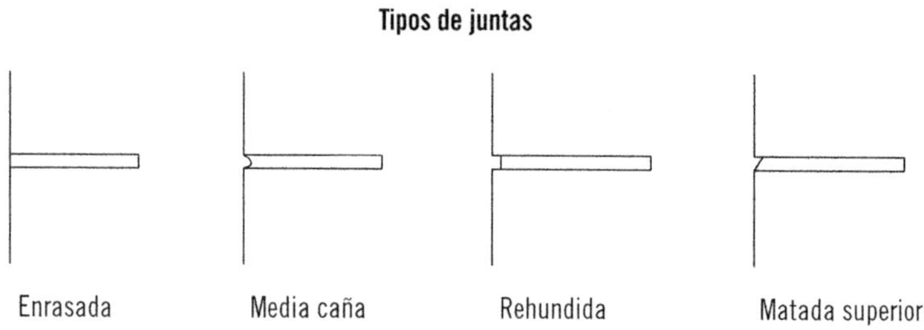

La junta matada inferior no se considera aceptable, ya que favorece la entrada de agua en la fábrica.

Para un correcto acabado de la fábrica es muy importante no ensuciar el bloque cara vista durante su ejecución, protegiéndolo si es necesario. Si fuese necesaria una limpieza final, se puede realizar mediante proyección de agua a presión y un cepillado posterior, o bien utilizando una mezcla de agua con ácido clorhídrico al 7-8 % limpiándolo posteriormente con agua.

A continuación, nos centraremos en la **colocación de las armaduras de tendel.** Estas armaduras se colocarán embebiéndolas en el mortero, cuidando de que queden centradas en el grueso del tendel.

Colocación de armadura en tendel

Para garantizar la transmisión de esfuerzos del acero en los solapes de las armaduras a través del mortero, es imprescindible realizar correctamente los solapes con una longitud mínima de unos 25 cm para armaduras con capa epoxi, y de 20 cm para las galvanizadas e inoxidables. Se evitará que en el solape queden las armaduras montadas unas encima de las otras.

Definición

Epoxi
Se dice de un tipo de resina sintética, dura y resistente, utilizada en la fabricación de plásticos, pegamentos, etc.

Refuerzo de solapes

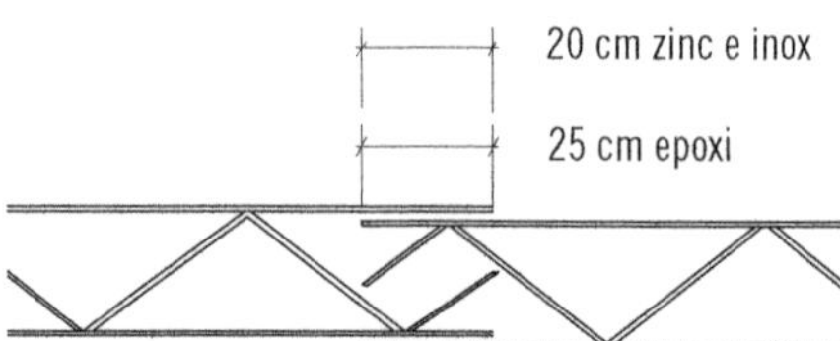

Si por necesidades constructivas la longitud de solape tuviera que ser menor que la mínima exigida, podrá recurrirse al doblado en patilla de los alambres longitudinales de las armaduras prefabricadas de tendel.

Las armaduras de tendel deberán dejarse en espera entre dos fases de obra para completar el muro incorporándolas a los tendeles de la segunda fase.

Espera de armadura de tendel

Además de la armadura de tendel, en la fábrica de bloques armada es corriente la colocación de costillas, fijaciones y otro tipo de anclajes del sistema de albañilería integral.

Las costillas de refuerzo deben disponerse enteras en toda la altura vertical del muro y sin solapes, pudiendo fijarse por arriba o por abajo, o bien por ambos lados a la estructura resistente.

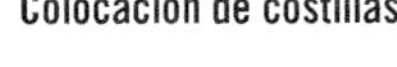
Colocación de costillas

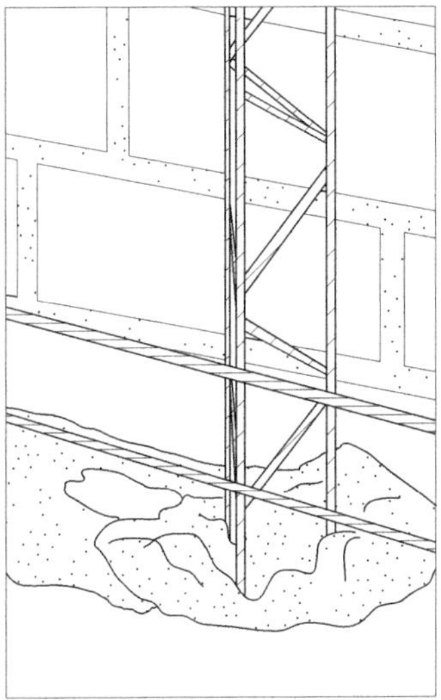

Antes de colocar las costillas en su posición definitiva, se replanteará el conjunto del muro de fábrica con sus bloques, para adecuar la modulación de las armaduras prefabricadas de tendel, con la separación regular de las costillas, contando con su longitud de solape mínima, junto con la modulación del bloque.

Para facilitar la ejecución del albañil, se procurará replantear las costillas en tal posición que las armaduras de tendel vayan a solaparse en la vertical de las costillas. Puede evitarse solapar en la costilla, modulando los niveles de los tendeles de la fábrica con la triangulación de las costillas verticales, o bien enhebrando de arriba a abajo las armaduras de tendel a lo largo de las costillas, si las cerchas de tendel son de igual o mayor ancho que la costilla.

A la hora de determinar el tipo de fijación a colocar, hay que tener en cuenta que las costillas dispuestas verticalmente soportan los momentos en el plano perpendicular al muro, transmitiendo dichos esfuerzos, o bien solo abajo en la base del muro, debiendo entonces poner dos fijaciones una a cada lado de la costilla, o bien arriba y abajo del muro, debiendo entonces disponerlas una a cada extremo, inferior y superior, de la costilla.

En la puesta en obra, habrá que comprobar que se logra el afianzado de las fijaciones a las costillas, apretando correctamente las tuercas entre ellas.

Los anclajes de los muros de cerramiento y particiones sujetos a los soportes deberán disponer de doble libertad de movimiento.

Afianzado de costillas

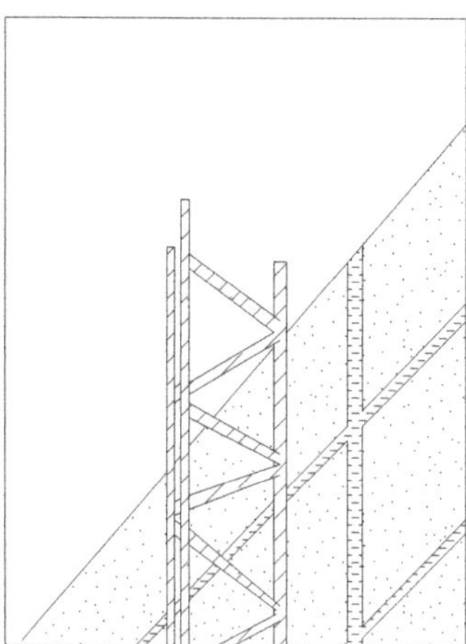

Durante la ejecución, la fábrica de bloques deberá protegerse ante los agentes ambientales externos:

- **La lluvia:** se debe evitar que la lluvia caiga directamente sobre la fábrica hasta que el mortero haya fraguado. Se cubrirá con plásticos para evitar el lavado de los morteros, la erosión de las juntas y la acumulación de agua en el interior del muro.
- **El hielo:** se ha de evitar ejecutar fábricas durante los periodos de heladas. Se debe inspeccionar la fábrica al comienzo de la jornada cuando se produzcan heladas, debiendo demoler las zonas afectadas que no garanticen la resistencia y durabilidad establecidas. Hemos de proteger la fábrica con mantas de aislante térmico o plásticos si se prevé que puede helar en las horas siguientes a la ejecución.
- **El calor y los efectos de secado por el viento:** debemos mantener húmeda la fábrica para evitar una evaporación del agua del mortero demasiado rápida, hasta que alcance la resistencia adecuada.
- **Daños mecánicos:** Se protegerán todos los elementos vulnerables de la fábrica en ejecución (aristas, huecos, zócalos, etc.) de posibles daños y perturbaciones debidos a otros trabajos a desarrollar en obra (vertido de hormigón, andamiajes, tráfico de obra, etc.).
  Se procurará colocar lo antes posible elementos de protección como alféizares, albardillas, etc.

En ocasiones, y debido a distintas razones, es necesario dejar interrumpida la ejecución de la fábrica de bloques, aunque no es recomendable dejarla interrumpida durante periodos de tiempo prolongados. Si esto es inevitable, es preferible terminarla en una hilada horizontal.

Si se pretende dejar interrumpida verticalmente la fábrica para ejecutar el muro antiguo en época distinta, se dejará escalonada evitando los entrantes y salientes (adarajas y endejas). Si se deja la junta vertical, se preverán armaduras en los tendeles para garantizar la unión posterior con el muro contiguo.

Las fábricas se realizarán elevando a la vez los muros de carga y los de arriostramiento para evitar problemas de estabilidad.

En los casos donde no se pueda garantizar la estabilidad, la fábrica se arriostrará durante su construcción a elementos suficientemente sólidos (estructura, andamios, etc.) para evitar vuelcos debidos a acciones horizontales imprevistas.

Los muros que durante su construcción queden temporalmente sin arriostrar y puedan estar sometidos a cargas de viento, se les apeará provisionalmente para garantizar su estabilidad.

Los muros acostillados, al disponer previamente las costillas con sus fijaciones correspondientes, al empezar la colocación de los bloques, son estables aun no habiendo fraguado por completo, pudiéndose eludir en determinados casos su necesidad de apeo.

Encuentro de muros arriostrados

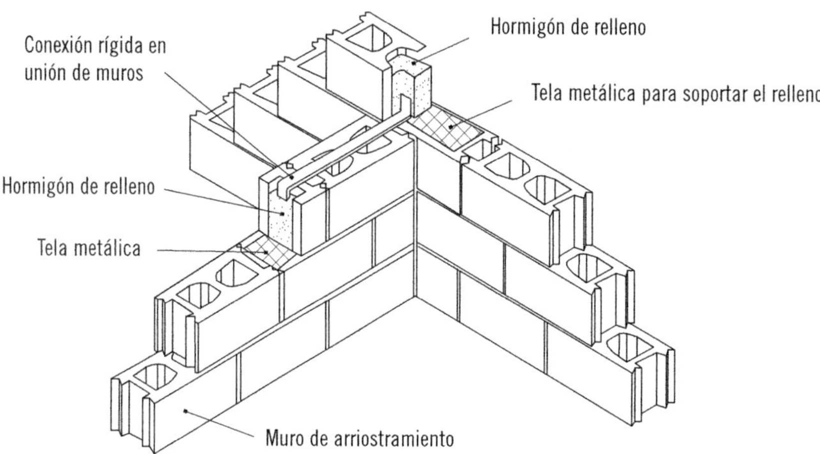

No se deberá ejecutar una altura de fábrica excesiva que pueda provocar inestabilidad y un posible aplastamiento del mortero, debiendo tener en cuenta el espesor del muro, el tipo de mortero, el tipo de piezas y el grado de exposición al viento.

Se recomienda levantar una longitud de muros suficiente para evitar el problema anterior y hacerlo a la vez tanto en muros de carga como de arriostramiento, realizando los encuentros, esquinas, etc., según se van elevando las hiladas.

Consejo

La fábrica no deberá cargarse hasta que haya alcanzado la resistencia necesaria para soportar las cargas previstas sin dañarse.

En el caso particular del apoyo de forjados, estos deberán colocarse sobre el muro cuando las juntas de mortero hayan endurecido y tengan resistencia suficiente para aguantar las cargas previstas.

Se evitará en todo momento que los muros de cerramiento que envuelven estructuras porticadas puedan entrar en carga por las deformaciones de estas últimas, o las dilataciones de la fábrica. Para ello, habrá que asegurarse de disponer las adecuadas juntas horizontales de movimiento entre ambos, empleando materiales deformables e impermeables.

No hay que olvidar que los muros de cerramiento, al no tratarse de muros cargados, son muy sensibles al vuelco por la acción del viento, por lo que se hace imprescindible anclarlos correctamente y con los anclajes apropiados a la estructura resistente.

Muro de carga sin armar

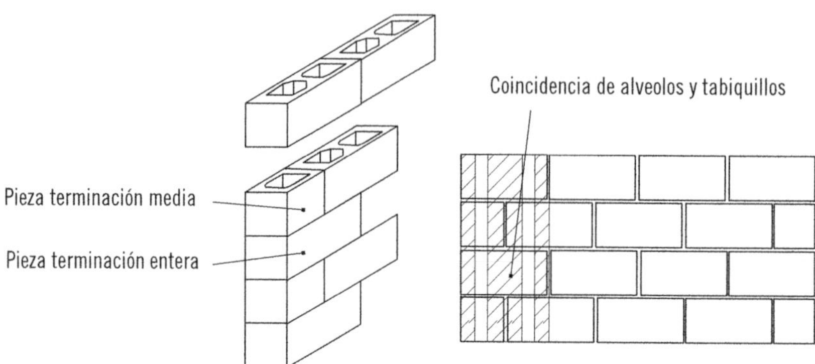

Aplicación práctica

Indique al promotor de la obra en la que se encuentra trabajando de encargado los tipos de juntas que se reflejan en la imagen, con el objeto de que pueda seleccionar una para la ejecución de la fábrica de bloques vista prevista.

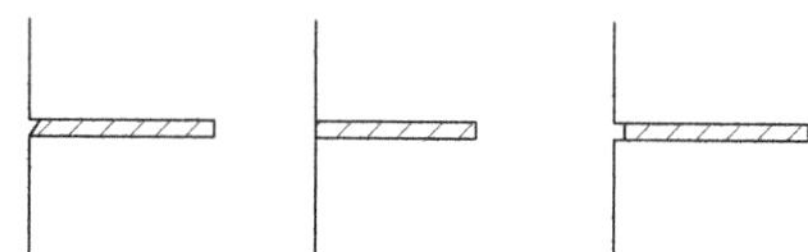

SOLUCIÓN

La primera es una junta matada, la segunda es una junta enrasada, mientras que la tercera de las imágenes es una junta rehundida.

3. Resumen

Se han dado a lo largo de todo el capítulo pautas generales a realizar durante las distintas tareas que componen la ejecución de una fábrica de bloques prefabricados a cara vista según lo marcado por las normas de la buena práctica constructiva indicando, no solamente lo que hay que realizar en una tarea, sino también lo que no hay que hacer en la ejecución de la misma.

En algunas tareas como la del llagueado se ha incidido de una forma más concreta estableciendo los distintos tipos de llagas existentes.

Además, se ha hecho también hincapié en la colocación de armaduras en las fábricas de bloques armadas, así como la protección a llevar a cabo durante la realización de la fábrica.

Ejercicios de repaso y autoevaluación

1. **De las dos caras de asiento de un bloque, ¿cuál debe colocarse en la parte superior?**

    a. Es indiferente.
    b. Aquella con más superficie de apoyo.
    c. Aquella con menos superficie de apoyo.
    d. Ninguna de las opciones es correcta.

2. **¿Qué se pretende al interrumpir la continuidad de la junta de mortero en el tendel de una fábrica de bloques?**

    a. Romper el puente térmico.
    b. Ahorrar mortero.
    c. Disminuir la capacidad portante del muro.
    d. Ninguna de las opciones es correcta.

3. **Si hay que reparar una junta después de que el mortero haya endurecido, se eliminará el mortero de la junta en una profundidad al menos de...**

    a. ... 150 mm.
    b. ... 15 mm.
    c. ... 1,5 mm.
    d. ... 0,15 cm.

4. **Algunos de los tipos de juntas que se suelen emplear en las fábricas de bloques son...**

    a. ... media caña.
    b. ... rehundida.
    c. ... matada superior.
    d. Todas las opciones son correctas.

5. **Indique si la siguiente afirmación es verdadera o falsa. En el caso de ser falsa, indique la respuesta correcta.**

   Las costillas de refuerzo deben disponerse partidas en toda la altura vertical del muro y con solapes, pudiendo dejarse por arriba o por abajo, o bien por ambos lados suelta de la estructura resistente.

   - ☐ Verdadero
   - ☐ Falso

Capítulo 5

Construcción

Contenido

1. Introducción

Se tratará en el presente capítulo sobre la ejecución de elementos singulares que existen en las fábricas de bloques prefabricados modulados a cara vista.

Estos elementos singulares servirán para la coronación de la parte superior de huecos de ventanas y puertas con los dinteles, para la protección de la coronación de muros y antepechos de cubiertas transitables con las albardillas, para la protección de los antepechos de ventanas, así como de las jambas de las mismas con las piezas de alféizar.

Además, se incidirá también sobre la ejecución de otros tipos de remate y molduras singulares ejecutados con diferentes piezas especiales, como celosías, balaustradas o gárgolas.

2. Dinteles

Los dinteles se resuelven con piezas de dintel o zuncho, que deben llevar incorporados un goterón. Estas piezas sirven de encofrado. Sobre la pieza se colocan las armaduras y se maciza de hormigón, formando así una viga armada que salva la luz y descansa por lo menos 20 cm sobre las jambas del hueco.

Armado de piezas de zuncho y dintel

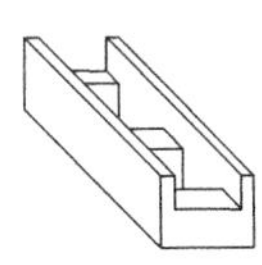
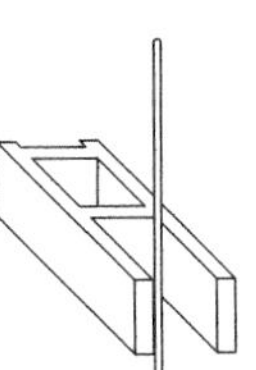
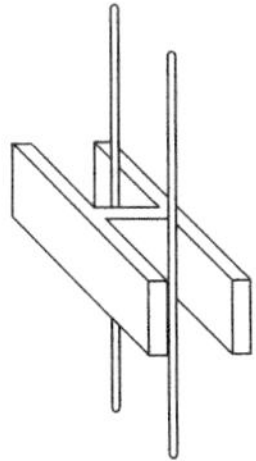
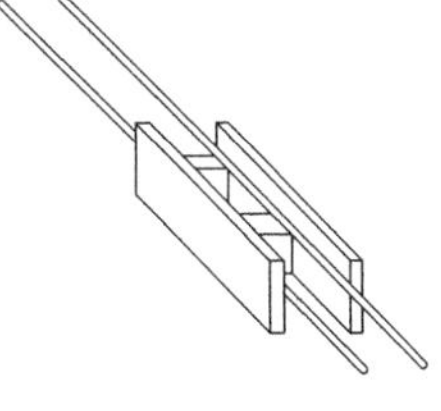

Los dinteles se pueden colocar con sopandas y puntales sobre la misma fábrica o pueden prefabricarse a pie de obra, colocándolos después como elementos completos.

Nota

Los dinteles colocados de esta forma se adaptan perfectamente al juego de llagas y tendeles del resto de la fábrica.

Apuntalado de dintel

Se puede aumentar el canto del dintel en el caso de necesitarlo, superponiendo piezas del tipo zuncho sobre las piezas dintel. Entre ellas, se dispondrán estribos que actuarán como armadura transversal y como conectores.

Otra alternativa consiste en utilizar piezas de dintel que alcanzan dos hiladas de altura y una longitud igual a la mitad de la pieza tipo.

Con esta solución, el dintel rompe la organización de hiladas y el aparejo de las mismas, apareciendo como un elemento diferenciado del resto.

Pieza de dintel doble

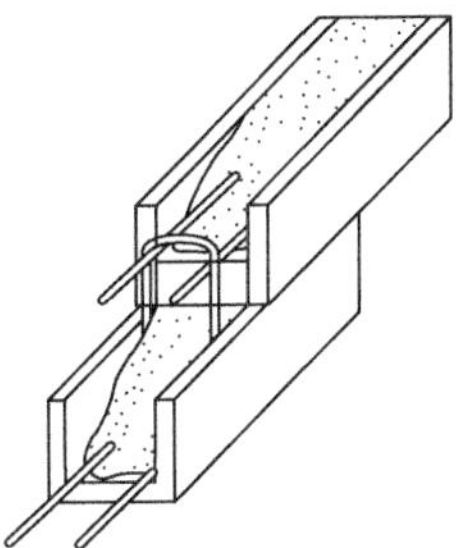

Podrán también realizarse dinteles de fábrica armada empleando las armaduras de tendel que requiera el cálculo, según las tablas del fabricante de la armadura de la fábrica armada, y siguiendo los consejos de colocación de dicho fabricante.

Dintel en fábrica armada

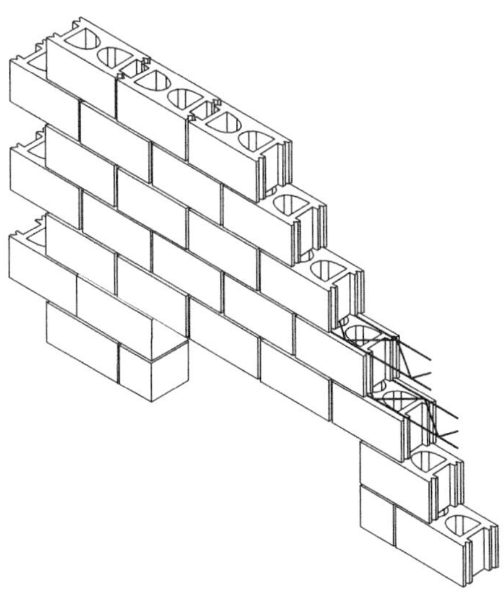

Las jambas se configurarán con piezas enteras y medias de terminación, como si se tratara de un comienzo de muro, constituyendo puntos intermedios de replanteo respecto del total del muro.

Definición

Jambas

Son los lados de una abertura que delimitan horizontalmente el hueco en una fábrica y sobre los cuales se sostienen el arco o dintel.

Cuando las cargas transmitidas a los apoyos lo requieran, se macizarán los alvéolos de los bloques en la zona donde descansa la entrega del dintel.

En caso de no ser suficiente lo anterior, podrían llegar a armarse los alvéolos de manera idéntica a lo realizado en los muros de carga.

3. Albardillas

Las piezas de albardilla, o también denominadas **cubremuros,** sirven como coronación superior de los muros de fábrica de bloques tanto simples como armados.

Con estas piezas se pretende proteger la entrada de agua en el interior de los huecos de los bloques de hormigón y, de esta forma, evitar la aparición de problemas provocados por la humedad.

Las piezas de albardilla se fabrican con los mismos acabados que los empleados en los bloques simples y estarán dotadas de pendiente a ambos lados del muro de cubrición con la finalidad de facilitar la evacuación del agua de lluvia.

El empleo más utilizado para este tipo de piezas es en los muros de pretil en zonas de cubiertas y en los muros de medianería entre diferentes propiedades.

Albardilla en fábrica de bloques vista

Para la colocación en obra de este tipo de piezas se deberá comenzar por realizar una perfecta limpieza de la zona donde se situará la albardilla, los elementos se mojarán sumergiéndolos en cubos o bidones de agua durante aproximadamente unas dos horas y se sacarán dejándolas escurrir diez minutos antes de la colocación.

Debe utilizarse mortero M-80 para su colocación. Después de cuatro horas, se rejuntarán las juntas de las diferentes piezas con cemento cola con el objeto de dejar perfectamente sellada la unión entre piezas.

Consejo

Para no manchar las piezas, es recomendable la utilización de cinta adhesiva a ambos lados de la unión.

Han de tenerse en cuenta las siguientes precauciones a la hora de realizar esta tarea:

- Rejuntar las juntas con cemento cola.
- Al cabo de 4 o 5 horas, limpiar las juntas con la ayuda de un cepillo y un trapo humedecido.

- Una semana después, si está seco, debe pintarse todo el conjunto con hidrófugo incoloro para conseguir una protección suplementaria y asegurar un óptimo envejecimiento de las piezas.

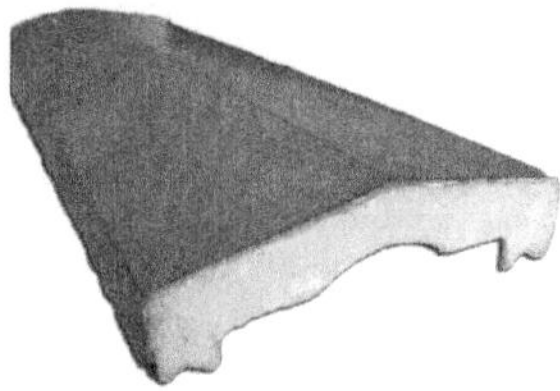

Albardilla de hormigón

Como se puede comprobar en la imagen anterior, las piezas prefabricadas de albardilla para la protección de muros de hormigón vendrán dotadas, además de la ya comentada doble pendiente, de goterón a ambos lados del muro para que la caída de las gotas de agua se separe de las líneas del muro tanto en su parte interior como en su parte exterior, evitando de esta manera la aparición de manchas provocadas por el deslizamiento del agua de lluvia por todo el paramento.

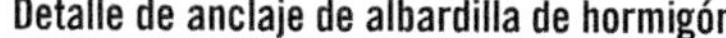

Detalle de anclaje de albardilla de hormigón

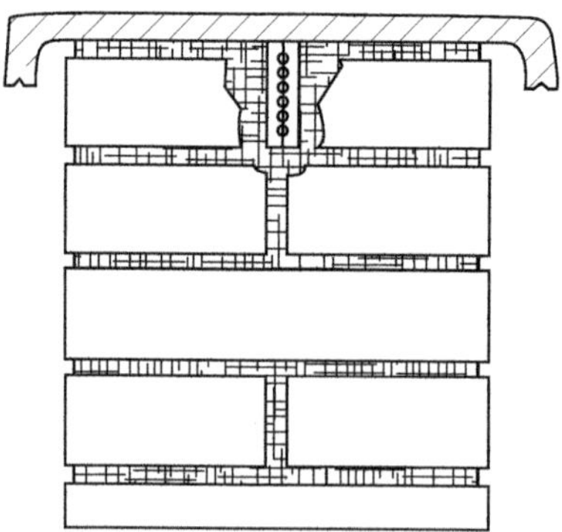

Además de la doble pendiente y de los dos goterones, las piezas de albardilla prefabricadas, al estar expuestas a la acción de los agentes exteriores como el viento, deberán estar perfectamente ancladas al muro que protegen superiormente. Para este anclaje al muro, es necesaria la dotación de piezas metálicas embutidas en su cara inferior de forma que a la hora de su colocación en obra, estos anclajes puedan embutirse en las juntas entre los bloques.

4. Alféizares

Las zonas del muro, inmediatamente inferiores a las jambas y el antepecho suelen ser zonas con distintas concentraciones de carga, por lo que es conveniente reforzar la fábrica con armaduras de tendel prefabricadas formadas por 2 Ø 4-6 mm en el tendel inferior a la hilada que corona el antepecho. Estas armaduras colaboran para que trabaje toda la fábrica conjuntamente, distribuyendo las tensiones localizadas que pudieran aparecer.

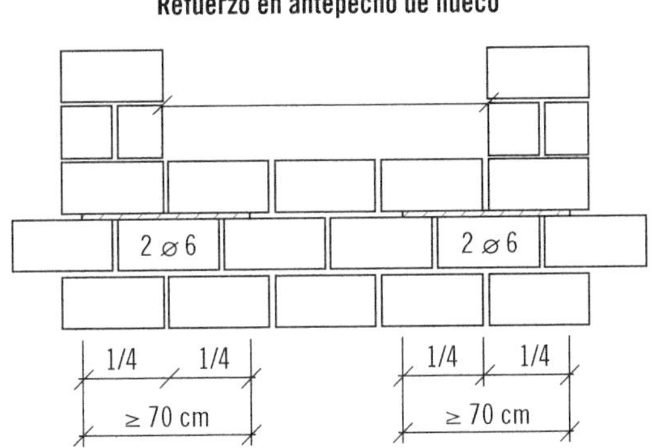

Las armaduras deben prolongarse a ambos lados de la jamba una dimensión no menor que la cuarta parte de la longitud del hueco, y su longitud total nunca debe ser menor de 70 cm.

Nota

El alféizar se puede realizar de diversos materiales (hormigón, piedra, metal, etc.).

Alféizar de piedra

Su unión con las jambas y el cerco de la carpintería es muy importante para garantizar la estanqueidad de dichos puntos. Se considera necesario adoptar, como mínimo, las siguientes medidas:

- Tendrá una pendiente superior al 10 % penetrando en las jambas al menos 4 cm. No se considera recomendable la junta a tope en dichos puntos.
- Se recomienda colocar debajo una membrana impermeable que se introduzca en las jambas y bajo el cerco de la carpintería (en ocasiones puede ser suficiente con que el mortero de configuración de pendiente y recibido sea impermeable).
- Deberá quedar solapado por el cerco de la carpintería, la cual deberá incorporar vierteaguas para alejar el agua.
- El vuelo del vierteaguas del alféizar será de al menos 3 cm y dispondrá de goterón.

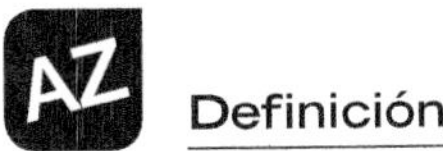

Definición

Vierteaguas
Es una superficie ligeramente inclinada hacia fuera que se pone cubriendo el alféizar de un hueco, la parte baja de una puerta o ventana, el saliente de un paramento, para escupir el agua de lluvia.

5. Otros remates y molduras singulares, con piezas especiales

La utilización de las fábricas de bloques a cara vista en cerramientos exteriores de parcelas y jardines ha estimulado la creación de numerosos remates y molduras singulares ejecutadas con piezas especiales para la solución de distintos elementos constructivos como balaustradas, columnas, celosías, etc.

Dentro de este tipo de soluciones, la realización de porches al exterior viene resolviéndose con la utilización de **piezas prefabricadas de entrevigado** ejecutadas a cara vista y que dejan marcadas las zonas de carga junto a las viguetas con unas piezas cóncavas.

Tipo de pieza de entrevigado

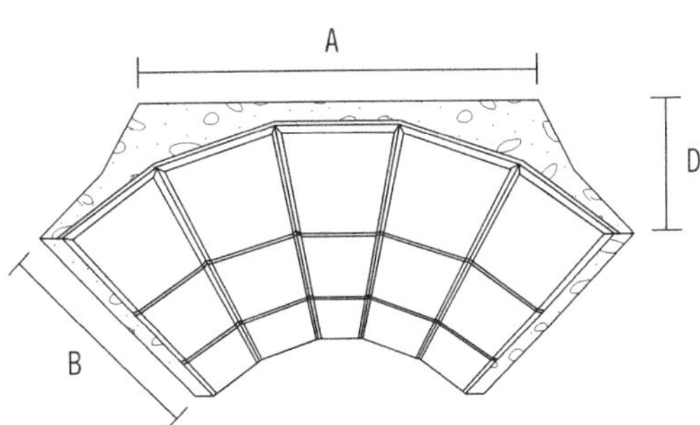

Capiteles

La realización de pilastras en las puertas de acceso a las parcelas es muy común. Para la coronación de estos elementos se tiene diseñada la pieza de **capitel**. Esta pieza, además de proteger superiormente la pilastra contra la entrada de agua hacia el interior de los bloques, le da un acabado acorde al elemento que constituye.

Pieza de capitel

Celosías

En la realización de vallas o cierres es frecuente el remate del murete de obra perimetral con la utilización de piezas de **celosía** con las que se pretende evitar la visión desde el exterior permitiendo, en cambio, la entrada tanto de aire como de luz hacia el interior.

Para la colocación de este tipo de piezas, deberemos haber coronado previamente el muro con las piezas de albardilla o cubremuro y esperar 24 horas para continuar la ejecución.

Existen numerosos tipos de celosías en función del color del bloque cara vista, del espesor de la pieza, del dibujo de la celosía, etc.

Consejo

Para favorecer la colocación, es recomendable la utilización de cemento cola. No obstante, si utilizamos mortero no será demasiado líquido. De esta manera, al subir las celosías tendrán más estabilidad y al mismo tiempo no rezumará por las juntas ni manchará las piezas.

Para la **colocación de las piezas de celosía** podemos seguir una serie de pautas en función de su utilización para una valla o cierre o para una superficie superior a 2 x 2 metros.

Para la colocación en una valla o cierre:

1. Al día siguiente de haber rematado el murete con piezas de cubremuros o albardilla, se colocarán las piezas de celosía. Se irá levantando el paramento de celosías por hiladas, comprobando que queden a nivel y aplomadas, y se rematará el final con una pieza de remate, según el grosor elegido de la celosía.
2. Al tratarse de piezas de poca superficie y lisas, donde la cantidad de mortero de unión será poca, en general diremos que la valla será más resistente si se emplea un tipo de 8 cm. de ancho. Las juntas de las piezas se unirán con cemento cola, pero debe procurarse que la cantidad sea la estrictamente necesaria para la adecuada y correcta separación de las mismas, para que no queden, por otra parte, huecos o coqueras en su interior.

Celosía en cerramiento de parcela

3. Se colocará el remate de pasamanos, que encajará perfectamente con las piezas de celosía en función del grosor de estas. Se tomará con cemento cola.
4. Para una mejor garantía, podemos ligar la valla pasando una varilla de 3 mm de diámetro por debajo del remate (y por encima de la última hilada de celosías), empotrándola a los pilares.
5. La luz o distancia entre pilares será como máximo de 5 m.
6. Una vez terminada la valla, se rejuntarán todas las juntas con cemento cola. Al cabo de 4 o 5 horas se limpiarán las juntas con la ayuda de un cepillo y un trapo humedecido.
7. Al cabo de 8 horas, se mojará la obra y esta tarea se repetirá durante 2 días.

Colocación de celosías para una superficie superior a 2x2 m:

1. Es importante ir levantando el paramento de celosías por hiladas, primero colocar una hilada en seco para comprobar cuántas caben y repartirlas de forma que todas las juntas sean iguales.
2. Cuando los huecos a cubrir son de una superficie superior a 2x2 metros, es conveniente armar las celosías. Los extremos de las varillas han de empotrarse en la obra.

3. Si se trata de colocar celosías en patios de luces, a ser posible, la celosía irá colocada entre forjados y enmarcada en todo su perímetro, por una pieza de remate, previamente anclada a la pared.
4. El diámetro de las varillas aconsejable es de 3 mm y como máximo 5 mm. Interesa que la varilla quede bien centrada y embebida en el mortero.

Precauciones a tener en cuenta en ambas colocaciones:

1. Realizar un esquema con medidas antes de empezar.
2. Evitar la colocación de la celosía en días de heladas o con fuertes calores.
3. Mojar todo el conjunto a las 8 horas y repetidamente durante dos días.
4. Una semana después debe pintarse todo el conjunto con hidrófugo incoloro para conseguir una protección suplementaria.

Columnas

Otro de los elementos constructivos resuelto con piezas de tipo especial es la **columna,** utilizada en porches al exterior y accesos a parcelas. Para la colocación de este elemento, es necesario que las piezas se mojen sumergiéndolas en agua durante unas dos horas y se secarán dejándolas escurrir diez minutos antes de la colocación para evitar que absorban agua del mortero.

En el levantamiento de las columnas, existen distintos tipos de piezas como las de base y capitel, con las que se arranca o corona una columna, los estándares que conforman el fuste del elemento y algunas especiales que integran el elemento en balaustradas o sirven de cubrición de la estructura de la edificación.

Es recomendable el tomado de las diferentes piezas que componen la columna con cemento cola y que posteriormente se proteja la superficie de la columna con un hidrófugo incoloro que aumenta la protección del elemento y asegura un óptimo envejecimiento del mismo.

Consejo

Para el relleno de la columna, es recomendable utilizar mortero gris M-40.

Para la **ejecución de las columnas con piezas prefabricadas** se seguirán una serie de pautas que resumimos a continuación:

1. Sobre los cimientos perfectamente nivelados, colocaremos la pieza tipo pedestal que actúa como base de la columna.
2. Es importante armar siempre la columna.
3. Las piezas estándares, provistas de un machihembrado, se irán montando hasta la altura deseada.
4. Si la columna tiene que soportar pesos ligeros, se reforzará con varillas 10/12 mm y se rellenará de mortero M-40 en gris. Es necesario pintar su interior con una lechada de cemento a fin de asegurar que las piezas no se fisuren por causa de las contracciones. Grandes cargas en ningún caso son admisibles.
5. Como coronación, para finalizar la columna, debe colocarse la pieza de capitel.
6. Para integrar la columna en balaustradas es necesario suplementar el pedestal con piezas de tipo cubrepilar. Con ello se logra adecuar la altura del zócalo al de la balaustrada.
7. Para encajar la pieza de remate con la circunferencia de la columna se debe utilizar otra pieza con un extremo redondeado.

Columna con piezas prefabricadas

Precauciones a tener en cuenta en la ejecución de una columna:

- Hacer un esquema antes de empezar.
- Evitar el montaje durante los días de mucho frío o calor.
- Para reforzar la columna usar varillas de diámetro 10/12 mm.
- La columna solo puede soportar pesos ligeros.
- Es conveniente pintar con lechada su interior.
- Mojar la columna al cabo de 8 horas.
- Al cabo de una semana, y si todo el conjunto está bien seco, pintar el conjunto con hidrófugo incoloro.

Balaustradas

La realización de antepechos o barandillas solucionadas con **balaustradas** es también muy empleada en cerramientos de zonas ajardinadas, de porches exteriores, etc.

Para la obtención de la altura deseada en este elemento, es frecuente la realización de un pequeño zócalo de obra que quedará coronado con la pieza de remate de tipo plano. Sobre esta se situarán las piezas de balaustre, que quedarán a su vez coronadas con las piezas de tipo pasamanos.

Balaustrada

Existen numerosos tipos de piezas de balaustre en función de su altura, de su color, de su forma y de su acabado.

Al igual que el resto de elementos constructivos comentados con anterioridad y que se forman por piezas, para la correcta ejecución se recomienda la utilización de cemento cola y de un hidrófugo incoloro posteriormente a su ejecución para conseguir una protección suplementaria y asegurar un óptimo envejecimiento de la balaustrada.

En la colocación de las piezas de la balaustrada tendremos que tener en cuenta una serie de **recomendaciones:**

- Realizar un esquema con medidas antes de empezar.
- Evitar la colocación de los balaustres en días de heladas o con fuertes calores.
- Mojar todo el conjunto a las 8 horas y repetidamente durante dos días.
- Una semana después puede, si está seco, pintarse todo el conjunto con hidrófugo incoloro para conseguir una protección suplementaria.

Ornamentos

Para la coronación de pilastras, balaustradas, etc., existen en el mercado numerosas piezas de **ornamento** que servirán de acabado del elemento en ejecución.

Diferentes piezas de ornamento

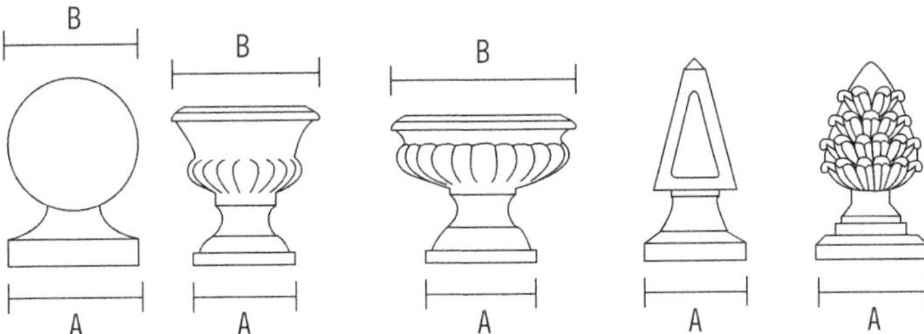

Gárgolas

Dentro de los remates de las fábricas de bloque a cara vista, no se puede dejar de referenciar las piezas de **gárgola.**

Las gárgolas son un producto imprescindible para evacuar el agua de lluvia de terrazas y balcones, proyectándola fuera de la fachada.

Gárgola

Nota

Existe una gran diversidad en la tipología de las gárgolas desde una sencilla cañería hasta una escultura decorativa y sofisticada. En ocasiones, a ras del pavimento, se dejan una serie de huecos con forma de paralelogramo en el elemento de cierre de la terraza a evacuar.

Aplicación práctica

Como encargado de obra, debe realizar el pedido de un alféizar prefabricado para un antepecho de ventana de 1,50 m. ¿De que longitud deberá ser la pieza que pida?

SOLUCIÓN

La longitud de la pieza de alféizar deberá ser de 1,50 m más 4 cm como mínimo de holgura por cada lado, es decir, de 1,58 m como mínimo.

6. Resumen

Ha tratado este capítulo sobre la ejecución de elementos tan singulares como son los dinteles, las albardillas o los alféizares, mediante la utilización para su solucionado de piezas especiales fabricadas para este fin.

En la determinación de las tareas se han descrito también trabajos auxiliares necesarios para una correcta ejecución.

La finalización del capítulo se ha centrado en la gran variedad de piezas especiales existentes en el mercado, como son las piezas de entrevigado, los capiteles, las celosías, las columnas, las balaustradas, las piezas de ornamento y las gárgolas.

Ejercicios de repaso y autoevaluación

1. **En los dinteles realizados en las fábricas de bloques de hormigón, ¿cuánto ha de descansar el elemento sobre las jambas laterales?**

    a. 10 cm
    b. 15 cm
    c. 20 cm
    d. 30 cm

2. **¿Con qué tipo de piezas de hormigón se configurarán las jambas de un hueco de bloques de hormigón?**

    a. Piezas enteras y medias de terminación.
    b. Piezas de zuncho.
    c. Plaquetas.
    d. Piezas en L.

3. **Es frecuente el refuerzo de los antepechos de los huecos. ¿Cuál es la razón?**

    a. Suelen ser zonas con distintas concentraciones de carga.
    b. Estética.
    c. Evitar la aparición de fisuras.
    d. Ninguna de las opciones es correcta.

4. **Estas armaduras de refuerzo en antepechos no serán nunca de una longitud inferior a...**

    a. ... 90 cm.
    b. ... 80 cm.
    c. ... 50 cm.
    d. ... 70 cm.

5. **Indique si la siguiente afirmación es verdadera o falsa. En el caso de ser falsa, indique la respuesta correcta.**

El vuelo del vierteaguas del alféizar será de al menos tres centímetros y dispondrá de goterón.

- ☐ Verdadero
- ☐ Falso

Bibliografía

Monografías

- VV. AA.: *Código de buena práctica para la ejecución de fábricas con bloques y mampostería de NORMABLOC.* Madrid: Asociación Nacional De Fabricantes De Bloques Y Mampostería De Hormigón Normabloc, 2012.

- VV. AA.: *Recomendaciones y Pliego de Condiciones para Fábricas de Albañilería.* Madrid: AFAM, 2012.

- VV. AA.: *Manual de Bases para la gestión de la calidad en la dirección de la ejecución de la obra.* Madrid: Colegio oficial de aparejadores y arquitectos técnicos, 2007.

- CAMPBELL James, W.P. y PRICE, W.: *Ladrillo. Historia universal.* Barcelona: BLUME, 2016.

- ESPINOSA, P.C.: *Manual de Construcción de Albañilería.* Grupo Editorial CEAC.

- FRANCO Moreno, G.: *Monografías CEAC de la Construcción: Técnica de la Construcción con Ladrillo.* [s. l.]: Grupo Editorial CEAC, 2001.

- GUERRERO Malpesa, J.: *El Ladrillo cara vista y el adoquín cerámico.* 3.ª Edición. Jaén, 2003.

- Instituto Nacional de la Seguridad Social. Guía técnica para la evaluación y prevención de los riesgos relativos a las obras de construcción. Madrid: INSHT, 2019.

- MORENO García, Fco.: *Monografías CEAC de la Construcción: Arcos y Bóvedas.* [s. l.]: Grupo Editorial CEAC, 2007.

- ULSAMER, F. y MINOVES, J. Mª.: *Monografías CEAC de la construcción: Las Humedades en la Construcción.* [s. l.]: Grupo Editorial CEAC, 1995.

- ZURITA Ruiz, J.: *Monografías CEAC de la Construcción: Formulario para la Construcción.* [s. l.]: Grupo Editorial CEAC, 2001.

Legislación

- Ley 54/2003, de 12 de diciembre, de reforma del marco normativo de la prevención de riesgos laborales.

- Ley 38/1999, de 5 de noviembre, de Ordenación de la Edificación.

- Ley 31/1995, de 8 de noviembre, de Prevención de Riesgos Laborales.

- Real Decreto 256/2016, de 10 de junio, por el que se aprueba la Instrucción para la recepción de cementos (RC-16).

- Real Decreto 314/2006, de 17 de marzo, por el que se aprueba el Código Técnico de la Edificación modificado por: Real Decreto 1371/2007, de 19 de octubre, por el que se aprueba el documento básico «DB-HR Protección frente al ruido» del Código Técnico de la Edificación y se modifica el Real Decreto 314/2006, de 17 de marzo, por el que se aprueba el Código Técnico de la Edificación.

  - Modificado por:

    - Real Decreto 1675/2008, de 17 de octubre.
    - Orden VIV/84/2009, de 15 de abril.
    - Real Decreto 173/2010, de 19 de febrero.
    - Real Decreto 410/2010, de 31 de marzo.

- Completado por:

    - Orden VIV/1744/2008, de 9 de junio.

- Real Decreto 1627/1997, de 24 de octubre, por el que se establecen disposiciones mínimas de seguridad y salud en las obras de construcción.

- Real Decreto 1215/1997, de 18 de julio, por el que se establecen las disposiciones mínimas de seguridad y salud para la utilización por los trabajadores de los equipos de trabajo.

- Real Decreto 773/1997, de 30 de mayo, sobre disposiciones mínimas de seguridad y salud relativas a la utilización por los trabajadores de equipos de protección individual.

- Real Decreto 486/1997, de 14 de abril, por el que se establecen las disposiciones mínimas de seguridad y salud en los lugares de trabajo.

- Real Decreto 485/1997, de 14 de abril, sobre disposiciones mínimas en materia de señalización de seguridad y salud en el trabajo.

- Real Decreto 39/1997, de 17 de enero, por el que se aprueba el Reglamento de los Servicios de Prevención.